高职高专"十三五"规划教材

汽车装配与调试技术

（第 2 版）

主　编　姚明傲
副主编　张　伟
主　审　邹　平

北京航空航天大学出版社

内 容 简 介

本书根据"国家职业标准"对汽车装配工、汽车维修工的知识和技能要求，按照现代汽车的特点和发展趋势，将汽车装配、汽车维护、汽车修理知识融为一体，以汽车的装配和调试内容为主体，综合介绍了当代汽车各系统的组成、装配原理、调试方法、调试设备的使用及维修方法。全书共6个项目，涵盖了汽车检测的相关知识、发动机的拆装、发动机的调试、离合器和变速器的装配与调试、底盘的装配与调试、汽车电气系统的拆装与调试。

本书可作为高等职业学校、高等专科学校、成人院校及本科院校举办的二级职业技术学院、继续教育学院和民办高校汽车制造与装配技术、汽车电子技术和汽车检测与维修技术等专业的教材，亦可作为相关行业的培训教材。

图书在版编目(CIP)数据

汽车装配与调试技术 / 姚明傲主编. -- 2版. --北京：北京航空航天大学出版社，2020.1
　ISBN 978-7-5124-3031-0

　Ⅰ.①汽… Ⅱ.①姚… Ⅲ.①汽车—装配(机械)—高等职业教育—教材 ②汽车—调试方法—高等职业教育—教材 Ⅳ.①U463

中国版本图书馆CIP数据核字(2019)第122883号

版权所有，侵权必究。

汽车装配与调试技术（第2版）

主　编　姚明傲
副主编　张　伟
主　审　邹　平
责任编辑　冯　颖

*

北京航空航天大学出版社出版发行

北京市海淀区学院路37号（邮编100191）　http://www.buaapress.com.cn
发行部电话：(010)82317024　传真：(010)82328026
读者信箱：goodtextbook@126.com　邮购电话：(010)82316936
北京建筑工业印刷厂印装　各地书店经销

*

开本：787×1 092　1/16　印张：13.25　字数：339千字
2020年1月第2版　2020年1月第1次印刷　印数：2 000册
ISBN 978-7-5124-3031-0　定价：39.00元

若本书有倒页、脱页、缺页等印装质量问题，请与本社发行部联系调换。联系电话：(010)82317024

第 2 版前言

随着我国经济持续高速发展,汽车的普及率迅速提高,产量逐年增加,汽车在国民经济和家庭生活中的作用越来越大。这就意味着越来越多的大中专毕业生将要从事汽车的生产、装配、调试、检修等工作。本书就是为了使汽车装配人员能够较为深入地了解当今汽车各系统的原理及其结构、掌握实际装配的工艺流程与调试的相关操作技能而编写的。

当前,电子技术、数字技术、网络技术飞速发展,而这些技术在汽车上得到了广泛的应用,使汽车性能得到了很大的改进。为了满足广大学生急需了解汽车上采用的电子技术、数字技术、网络技术的要求,本书在传统发动机、底盘、电气结构拆装与调试的基础上,增加了汽车电控部件方面的新内容,如发动机电控部件、底盘电控部件和车身电控部件等,并介绍了其拆装与调试技术。

本书注重理论与实践相结合。针对目前汽车技术更新速度越来越快的现状,在立足于成熟技术和规范的同时,重视介绍新技术、新知识、新工具、新规范,力求做到内容与行业技术同步更新。此外,还安排了拆装和故障排除与诊断实训,以提高学生和汽车装配人员在实际生产中的知识应用能力。

本书建立了以轿车(桑塔纳、宝来、捷达/高尔夫、奔腾、上海别克、大众 POLO、广州本田雅阁和二汽富康等)为主的内容结构体系,以适应我国轿车工业的快速发展,满足读者对轿车结构知识的需求。在编写时也考虑到成人教育、高职高专相关专业的需要,内容深浅兼顾,便于自学。

本书由四川航天职业技术学院姚明傲担任主编,张伟担任副主编,邹平副教授担任主审,吴旭、邹翔、唐伟、罗意、王磊参编。各项目具体编写分工如下:张伟编写项目 1,邹翔编写项目 2,姚明傲编写项目 3,唐伟编写项目 4,吴旭编写项目 5,罗意、王磊编写项目 6。

对在本书编写过程中所参考文献资料的作者表示真诚的感谢。由于作者水平有限,书中不妥或错误之处恳请读者批评指正。所有意见、建议请发送至:870281661@qq.com。

编　者
2019 年 6 月

目 录

项目 1 汽车检测的相关知识 ·· 1

    任务 1.1 检测系统及检测仪器仪表 ·· 1
        1.1.1 检测系统的组成 ·· 1
        1.1.2 现代检测仪器仪表 ·· 2
        1.1.3 汽车检测诊断参数 ·· 3
    任务 1.2 拆装工具介绍 ··· 15
        1.2.1 常用拆装工具的种类 ·· 15
        1.2.2 正确选用和注意事项 ·· 18
    习 题 ··· 19

项目 2 发动机的拆装 ·· 20

    任务 2.1 曲柄连杆机构的拆装 ·· 20
        2.1.1 机体组拆装 ··· 20
        2.1.2 活塞连杆组的拆装 ·· 21
        2.1.3 曲轴飞轮组的拆装 ·· 22
    任务 2.2 配气机构的拆装 ··· 23
        2.2.1 配气机构概述 ··· 23
        2.2.2 配气机构的拆装 ·· 26
        2.2.3 注意事项 ·· 27
    任务 2.3 冷却系统的拆装 ··· 27
        2.3.1 冷却系统的组成及冷却液流 ·· 28
        2.3.2 冷却系统拆装 ··· 29
        2.3.3 注意事项 ·· 31
    任务 2.4 润滑系统的拆装 ··· 31
        2.4.1 润滑系统的组成及润滑油路 ·· 31
        2.4.2 润滑系统的拆装 ·· 32
        2.4.3 注意事项 ·· 33
    任务 2.5 汽油喷射燃料系统的拆装 ·· 33
        2.5.1 汽油喷射燃料系统概述 ·· 34
        2.5.2 汽油机直喷系统的拆装 ·· 37
    任务 2.6 柴油机燃料供给系统 ··· 40
        2.6.1 柴油机燃料供给系统的组成 ·· 41
        2.6.2 柴油机喷油泵的拆装 ·· 42

    2.6.3 喷油器的拆装 …………………………………………………………… 43
  任务 2.7 发动机的总装 ……………………………………………………………… 44
    2.7.1 技术标准及要求 …………………………………………………………… 44
    2.7.2 操作步骤及工作要点 ……………………………………………………… 45
  习 题 ……………………………………………………………………………………… 48

项目 3 发动机的调试 ………………………………………………………………………… 49
  任务 3.1 发动机冷却系统的调试 …………………………………………………… 49
    3.1.1 桑塔纳冷却系统拆装 ……………………………………………………… 49
    3.1.2 克莱斯勒冷却系统的拆卸、安装 ………………………………………… 50
    3.1.3 LS400 冷却系统的拆装 …………………………………………………… 53
  任务 3.2 润滑系统的调试 …………………………………………………………… 57
    3.2.1 桑塔纳润滑系统的拆装 …………………………………………………… 58
    3.2.2 克莱斯勒润滑系统的拆装 ………………………………………………… 58
    3.2.3 LS400 润滑系统的拆装 …………………………………………………… 62
  任务 3.3 发动机的验收 ……………………………………………………………… 64
    3.3.1 技术标准及要求 …………………………………………………………… 64
    3.3.2 操作步骤及工作要点 ……………………………………………………… 64
    3.3.3 注意事项 …………………………………………………………………… 65
  习 题 ……………………………………………………………………………………… 66

项目 4 离合器、变速器的装配与调试 …………………………………………………… 67
  任务 4.1 离合器拆装与调整 ………………………………………………………… 67
    4.1.1 BJ2020 离合器的拆装与调整 …………………………………………… 67
    4.1.2 桑塔纳离合器的拆装与调整 ……………………………………………… 70
  任务 4.2 手动变速器拆装与调整 …………………………………………………… 72
    4.2.1 三轴式变速器的拆装与调整（以 CA1091 为例）………………………… 73
    4.2.2 二轴式变速器的拆装与调整 ……………………………………………… 79
    4.2.3 注意事项 …………………………………………………………………… 86
  任务 4.3 自动变速器的拆装 ………………………………………………………… 88
    4.3.1 A140E 自动变速器总成的分解 …………………………………………… 88
    4.3.2 油泵的拆检 ………………………………………………………………… 94
    4.3.3 A140E 自动变速器换挡执行元件的拆检 ………………………………… 95
    4.3.4 A140E 自动变速器行星齿轮组件的检修 ………………………………… 97
    4.3.5 阀体总成的拆检 …………………………………………………………… 98
    4.3.6 安装行星齿轮变速器 ……………………………………………………… 102
  习 题 ……………………………………………………………………………………… 104

项目 5　汽车底盘的装配与调试 ············ 105

任务 5.1　传动轴的拆装 ············ 105
5.1.1　前轮驱动传动轴的拆装 ············ 105
5.1.2　后轮驱动传动轴的拆装 ············ 107
5.1.3　注意事项 ············ 109

任务 5.2　驱动桥的拆装与调整 ············ 109
5.2.1　桑塔纳轿车前驱动桥的拆装与调整 ············ 110
5.2.2　后驱轿车双曲线齿轮单级主减速器驱动桥的拆装与调整 ············ 118
5.2.3　注意事项 ············ 125

任务 5.3　转向系统的拆装与调整 ············ 126
5.3.1　转向操纵机构的拆装 ············ 126
5.3.2　转向器 ············ 127
5.3.3　转向传动机构 ············ 132

任务 5.4　制动系统的拆装与调整 ············ 132
5.4.1　北京 BJ2020 型汽车制动器的拆装与调整 ············ 135
5.4.2　桑塔纳轿车制动器的拆装与调整 ············ 138
5.4.3　丰田亚洲龙轿车驻车制动器的拆装与调整 ············ 142

任务 5.5　行驶系统的拆装与调整 ············ 144
5.5.1　前桥与前悬架的拆卸 ············ 145
5.5.2　前桥与前悬架的装配 ············ 149
5.5.3　后桥与后悬架的拆装与调整 ············ 152

习　题 ············ 154

项目 6　汽车电气系统的装配与调试 ············ 155

任务 6.1　充电系统的拆装 ············ 155
6.1.1　发电机的拆卸 ············ 157
6.1.2　发电机的拆解 ············ 158
6.1.3　发电机的重新装配 ············ 160
6.1.4　发电机的安装 ············ 162

任务 6.2　启动系统拆装 ············ 162
6.2.1　启动机的拆卸 ············ 164
6.2.2　启动机的拆解 ············ 164
6.2.3　启动机的重新装配 ············ 166
6.2.4　启动机的安装 ············ 168

任务 6.3　点火系统拆装 ············ 168
6.3.1　点火线圈和火花塞的拆卸 ············ 169
6.3.2　点火线圈和火花塞的安装 ············ 170

任务 6.4　照明与信号系统拆装 ············ 170

6.4.1	前照灯总成的拆装	171
6.4.2	侧转向信号灯总成的拆装	175
6.4.3	雾灯总成的拆装	175
6.4.4	后组合灯总成的拆装	176
6.4.5	制动灯开关的拆装	178
6.4.6	喇叭的拆装	180

任务 6.5 组合仪表和报警装置的拆装 ……………………………………………… 182
    6.5.1 组合仪表的拆卸 …………………………………………………………… 184
    6.5.2 组合仪表的安装 …………………………………………………………… 185

任务 6.6 辅助电器装置的装配与调试 ……………………………………………… 186
    6.6.1 刮水器和洗涤器系统的拆装 ……………………………………………… 186
    6.6.2 电动座椅的拆装 …………………………………………………………… 194

任务 6.7 空调系统的拆装 …………………………………………………………… 198
    6.7.1 充注制冷剂 ………………………………………………………………… 198
    6.7.2 空调压缩机的拆装 ………………………………………………………… 201
    6.7.3 蒸发器的拆装 ……………………………………………………………… 202

习　题 …………………………………………………………………………………… 203

参考文献 …………………………………………………………………………… 204

项目 1　汽车检测的相关知识

【项目要求】

(1) 理解汽车各主要检测项目的检测原理。
(2) 熟悉各种检测仪器设备。
(3) 掌握汽车常见拆装工具的使用方法。
(4) 能够正确、熟练地使用拆装工具。

【项目解析】

要进行汽车的装配与调试,必须熟知汽车主要的检测项目、检测仪器及相关的技术参数;另外在拆装与调试过程中,必须会使用常见的拆装工具并掌握主要机件的拆装要领和调整方法。

任务 1.1　检测系统及检测仪器仪表

【任务目标】

(1) 掌握汽车各主要检测项目的检测原理。
(2) 能够熟悉各种检测仪器设备。

【任务描述】

进行汽车检测要依汽车检测诊断技术基础,掌握汽车各部位、各系统总成和零部件的诊断参数。根据诊断标准,按诊断周期正确运用诊断设备进行诊断。经过认真检测,确定汽车的应修和可不修的部位、系统、总成、零部件。

【任务实施】

内容详见 1.1.1 小节～1.1.3 小节。

1.1.1　检测系统的组成

一个完整的检测(测试)系统通常由传感器、变换及测量装置、记录及显示装置和数据分析处理装置等组成。必要时,还需加装试验激励装置,如图 1.1-1 所示。

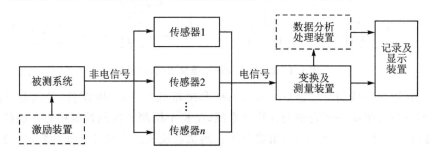

图 1.1-1　检测系统基本组成框图

图 1.1-1 中虚线部分为选择项,根据具体的检测项目而定。

检测系统各部分的作用如下:

激励装置:人为地模拟某种条件,把被测系统中的某种信息激发出来,用以检测。

被测系统:即检测对象,如整车发动机通常需要检测一个或多个参数。

传感器:它是一种获得信息的手段,在整个检测系统中占据首要地位。因为它处于检测系统的输入端,所以它的性能直接影响着整个检测系统的工作可靠性。

变换及测量装置:它的作用是把传感器传来的电信号变换成具有一定功率的电压或电流信号,以便推动下一级的记录和显示装置。这类装置包括:电桥电路、调制电路、调解电路、阻抗匹配电路、放大电路、运算电路等。

记录及显示装置:它的作用是把变换及测量装置传来的电压和电流信号不失真地记录下来并显示出来,供阅读和分析。这类装置包括:光线示波器、电子示波器、磁记录仪等。

数据分析处理装置:它用来对测试结果(曲线或数据)进行分析、运算处理,如对大量检测数据的数理统计分析,曲线的拟合,动态测试结果的频谱分析,幅值谱分析或能量谱分析等。

1.1.2 现代检测仪器仪表

1. 现代检测仪器仪表的结构组成

随着测试技术和电子计算机技术的高速发展,测试系统越来越集成化、智能化,现代检测仪器仪表主要是以计算机为中心的智能化设备。由于增加了计算机,可大大增强仪器性能,从而使仪器设备的结构和功能发生了根本性的变革。

现代检测仪器仪表具有检测系统的基本组成部分,由于有计算机的控制,许多检测过程都是自动完成的,其结构框图如图 1.1-2 所示。

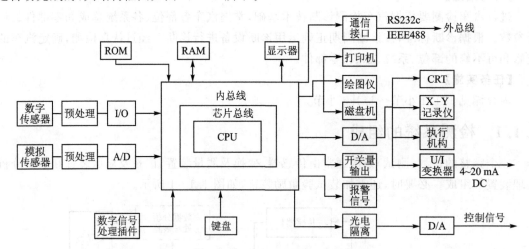

图 1.1-2 现代检测仪器仪表组成框图

图中 CPU 通过总线与存储器(ROM、RAM 和磁盘机等)和外围设备(显示器、键盘、打印机、绘图仪等)相连,组成一个完整的计算机系统,是整个检测系统的控制中心。此种仪器还可通过通信接口与外部进行信息交换,组成分布式测试系统或进行仪器之间的联网,便于进行集中控制。

2. 现代仪器仪表的特点

智能化仪器仪表不仅功能强大,测量精度和效率也很高。它具有以下特点:
(1) 自动调零校准和自动精度校准。
(2) 自动量程切换。
(3) 功能自动选择。
(4) 自动数据处理和误差修正。
(5) 自动定时控制。
(6) 故障自诊断。

随着检测技术和检测设备工艺的不断进步,汽车的测试技术得到迅猛的发展,特别是汽车的各种检测设备开始采用现代化、集成化的智能设备。比如,底盘测功机、液压振动试验台、侧滑台、光电四轮定位仪、车轮平衡机等,均采用电子控制或计算机控制,简化了操作过程,大大提高了检测效率。

1.1.3 汽车检测诊断参数

汽车检测诊断参数是指能反映车辆技术检测诊断的定量化信息。根据车辆检测诊断参数可以即时判断车辆技术状况是否良好,进一步进行故障诊断。

汽车检测诊断参数可分为以下三种:

(1) 工作过程参数:该参数能表征检测对象总的工作状况,是显示检测对象主要功能和质量的参数,如发动机功率、车辆制动距离、油耗等。它所提供的信息较广泛,是进一步诊断的基础。

(2) 伴随过程参数:该参数提供的信息面较窄,但这种参数较为普遍,常用于复杂系统的深入诊断,如振动、噪声、发热量等。

(3) 几何尺寸参数:该参数是由零件之间最起码的关系决定的参数,它所提供的信息有限,但能直接表明检测对象的具体状态,如间隙、自由行程等。

汽车常用检测诊断参数如表 1-1 所列。

表 1-1 汽车常用诊断参数

诊断对象	诊断参数	
发动机总体	功率,kW; 曲轴角加速度,rad/s^2; 单缸断火时功率下降,%;	油耗,L/h; 曲轴最高转速,r/min; 废气成分和浓度,%
气缸活塞组	曲轴箱窜气量,L/min; 曲轴箱气体压力,kPa; 气缸间隙(按振动信号测量),mm; 气缸压力,MPa;	气缸漏气率,%; 发动机异响; 机油消耗量,L/100 km
曲柄连杆组	主油道机油压力,MPa; 主轴承间隙(按油压脉冲测量),mm;	连杆轴承间隙(按振动信号测量),mm
配气机构	气门热间隙,mm; 气门行程,mm;	配气相位,(°)

续表 1-1

诊断对象	诊断参数	
柴油机供油系统	喷油提前角(按油管脉动压力测量),(°); 单缸柱塞供油延续时间(按油管脉动压力测量),s; 各缸供油均匀度,%; 每一工作循环供油量,ml/工作循环; 高压油管中压力波增长时间,s,曲轴转角,(°); 按喷油脉冲相位测定喷油提前角不均匀度,%; 曲轴转角,(°); 喷油嘴初始喷射压力,MPa; 曲轴最小和最大转速,r/min; 燃油细滤器出口压力,MPa	
供油系统及滤清器	燃油泵清洗前的油压,MPa; 燃油泵清洗后的油压,MPa; 空气滤清器进口压力,MPa;	涡轮压气机的压力,MPa; 涡轮增压器润滑系油压,MPa
润滑系统	润滑系机油压力,MPa; 曲轴箱机油温度,℃; 机油含铁(或铜、铬、铝、硅等)量,%;	机油透光度,%; 机油介电常数
冷却系统	冷却液工作温度,℃; 散热器入口与出口温差,℃;	风扇皮带张力,N/mm; 曲轴与发电机轴转速差,%
点火系统	初级电路电压,V; 初级电路电压降,V; 电容器容量,μF; 断电器触点闭合角及重叠角,(°); 点火电压,kV;	次级电路开路电压,kV; 点火提前角,(°); 发电机电压,V;电流,A; 整流器输出电压,V
启动系统	制动状态下启动机电流,A;电压,V; 蓄电池在有负荷状态下的电压,V;	振动加速度,m/s²
传动系统	车轮驱动力,N; 底盘输出功率,kW;	滑行距离,m; 传动系噪声,dB
制动系统	制动距离,m; 制动力,N; 制动减速度,m/s²;	跑偏,左右轮制动力差值,N; 制动滞后时间,s; 制动释放时间,s
转向系统	主销内倾角,(°); 主销后倾角,(°); 车轮外倾角,(°);	车轮前束,mm; 车轮侧滑量,mm/m 或 m/km
行驶系统	车轮静平衡,g; 车轮动平衡,g·cm;	车轮振动加速度,m/s²
照明系统	前照灯照度,lx; 前照灯发光强度,cd;	光轴偏斜量,mm

一、动力性评价指标

汽车的动力性是指其在运行中的最高车速、最大加速能力和最大爬坡能力,是汽车最基本的使用性能。在不同的情况下,使用不同的评价指标来评价汽车的动力性,比如:汽车的比功率、动力因数、最高车速、加速性能、最大爬坡度、发动机输出功率、驱动比功率、驱动轮输出功率等方面。

1. 汽车的比功率

汽车的比功率可以综合评价车辆的动力性能,它的大小直接影响到车辆的燃料经济性,是车辆设计的重要参数。主要显示在设计车辆时评价其动力性及选择适当的发动机功率与其总质量的匹配关系。

2. 动力因数

动力因数是剩余牵引力(总牵引力减空气阻力)和汽车总重之比。动力因数可以准确地表征汽车的动力性水平,任一种定型汽车都有确定的动力因数。动力因数是一种派生参数,因为动力因数是通过测得的驱动力计算得出的。

3. 最高车速

最高车速是指汽车在额定最大总质量状态下,在风速小于 3 m/s 的条件下,在干燥、清洁、平坦、无障碍的混凝土或沥青路面上,能够达到的最高且稳定的行驶速度。

4. 加速性能

汽车的加速性能是指汽车在行驶中迅速增加行驶速度的能力。加速时间是指车辆在额定最大总质量状态下,在风速小于或等于 3 m/s 的条件下,在干燥、清洁、平坦、无障碍的混凝土或沥青路面上,由某一预定车速加速至最高车速的 80% 所需的时间。

5. 最大爬坡度

最大爬坡度是指汽车按额定载荷装载,在良好的路面坡道上,以最低前进挡位能够爬上的最大坡度。

6. 发动机输出功率

发动机输出功率是汽车动力性的基础,是动力性的基本参数。目前检测发动机功率均采用无外载测功仪。

7. 驱动比功率

驱动比功率是指汽车在给定车速下驱动轮输出的最大功率与汽车总质量之比,单位为 kW/t。

8. 驱动轮输出功率

用驱动轮输出功率做汽车动力性的评价指标,具有很强的信息性和很高的灵敏性。它可在室内的汽车底盘测功机上直接测取,检测误差很小。检测条件较易控制,操作简单,通用性强。选用在发动机额定转矩和额定功率时驱动轮输出功率作为动力性的评价指标,选用发动机全负荷与额定转矩和额定功率转速相应的直接挡车速所构成的工况作为检测工况。

因此,不用驱动轮输出功率的绝对值作为限值,而采用相对值,即检测值与对应的发动机额定转矩功率和额定功率的百分比作为限值,从而提高了标准的通用性和可操作性。

二、底盘测功机检测整车动力性

采用底盘测功机检测整车的动力性,实际上就是按 GB/T 18276—2017《汽车动力性台架试验方法和评价指标》的规定,检测汽车驱动轮输出功率(汽车发动机在额定转矩和额定功率时的驱动轮输出功率),并以此作为评价指标。

1. 驱动轮输出功率检测程序

(1) 按规定的相应车型的检测速度,在底盘测功机上设定检测速度 v_M 和 v_P。

(2) 将被检测车辆驱动轮置于底盘测功机滚筒上，启动汽车，逐步加速并换至直接挡，使车辆以直接挡的最低车速稳定运转。

(3) 将加速踏板踩到底，测定 v_M 或 v_P 工况的驱动轮输出功率。

(4) 测取读数。待车辆速度在设定的检测速度下稳定 15 s 后，方可记录仪表显示的输出功率，检测速度与设定检测速度的允差为±0.5 km/h。

(5) 在读数期间，转矩变动幅度应不超过±4%。

(6) 详细记录环境状态及检测数据。

2. 汽车的额定转矩和额定功率

汽车的额定转矩和额定功率选用汽车使用说明书提供的数据。

额定转矩和额定功率的关系如下：

$$P_m = (M_e n_e)/9\,549$$

式中：M_e——发动机的额定转矩，N·m；

n_e——发动机额定转矩转速，r/min。当发动机额定转矩转速为 $n_{e1} \sim n_{e2}$ 时，取平均值。

3. 实测驱动轮输出功率修正

将实测驱动轮输出功率修正为标准环境状态下的校正驱动轮输出功率。

对于 η_{VM} 或 η_{VP} 低于允许值的车辆，允许复测一次。

4. 驱动轮输出功率的校正方法

1) 功率校正系数 α

用于将实测功率修正为标准环境状态下的校正功率。表达式如下：

$$P_0 = \alpha \cdot P$$

式中：P_0——校正功率（标准环境状态下的功率）；

α——校正系数（汽油机 α_a，柴油机 α_d）；

P——实测功率。

2) 标准环境状态

➤ 大气压：$P_0 = 100$ kPa；

➤ 相对湿度：$\Phi_0 = 30\%$；

➤ 环境温度：$T_0 = 298$ K；

➤ 干空气气压：$P_s = 99$ kPa。

干空气气压是基于总气压为 100 kPa，水蒸气分压为 1 kPa 计算得到的。

3) 汽油机功率校正系数 α_a

(1) 计算法。

$$\alpha_a = (99/P_s) \times 1.2 \times (T/298) \times 0.6$$

式中：T——试验时环境温度，K；

P_s——试验时干空气气压，kPa。

$$p_s = p \cdot \Phi \times p_{sw}$$

式中：p——现场环境状态下的大气压，kPa；

Φ——现场环境状态下的相对湿度，%；

p_{sw}——现场环境状态下的饱和蒸气压，kPa；

$\Phi \times p_{sw}$——可查表 1-2 得出。

表 1-2　在不同环境温度下 $\Phi \times p_{sw}$ 值

$t/℃$	$\Phi \times p_{sw}/kPa$				
	$\Phi=1$	$\Phi=0.8$	$\Phi=0.6$	$\Phi=0.4$	$\Phi=0.2$
-10	0.3	0.2	0.2	0.1	0.1
-5	0.4	0.3	0.2	0.2	0.1
0	0.6	0.5	0.4	0.2	0.1
5	0.9	0.7	0.5	0.4	0.2
10	1.2	1.0	0.7	0.5	0.2
15	1.7	1.4	1.0	0.7	0.5
20	2.3	1.9	1.4	0.9	0.5
25	3.2	2.5	1.9	1.3	0.6
27	3.6	2.9	2.1	1.4	0.7
30	4.2	3.4	2.5	1.7	0.9
32	4.8	3.8	2.9	1.9	1.0
34	5.3	4.3	3.2	2.1	1.1
36	6.0	4.8	3.6	2.6	1.2
38	6.6	5.3	4.0	2.7	1.3
40	7.4	5.9	4.4	3.0	1.5
42	8.2	6.6	4.9	3.3	1.6
44	9.1	7.3	5.5	3.6	1.8
46	10.1	8.1	6.1	4.0	2.0
48	11.2	8.9	6.7	4.5	2.2
50	12.3	9.9	7.4	4.9	2.5

(2) 查图法：

根据上述 T 及 p_{so} 的值，可按图 1.1-3 查得 a_a 的值。例：如图中虚线所示，$p_s=100$ kPa，$T=293$ K 时，$a_a=0.978$。

4) 柴油机校正系数 α_d

(1) 计算法：

$$\alpha_d = (f_a)f_m$$

式中：f_a——大气压因子；

f_m——发动机因子，发动机形式和调整的特性参数。

① 大气压因子 f_a，对自然吸气和机械增压发动机：

$$f_a = (99/P_s) \times (T/298) \times 0.7$$

② 发动机因子 f_m：

$$f_m = 0.036 q_c - 1.14 f_m = 0.036 q_c - 1.14$$

q_c 为校正的比排量循环供油量：

$$q_c = q/r$$

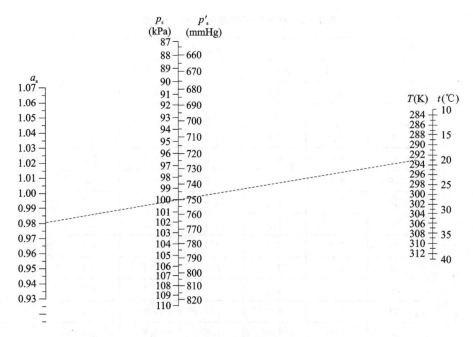

图 1.1-3 汽油机功率校正系数图

式中：q——比排量循环供油量，单位为毫克每循环每升（总气缸容积），mg/(L·循环)；
$\quad\quad r$——增压比，压缩机出口和压缩机进口的压力比（对于自然吸气式发动机，$r=1$）。

当 q_c 值低于 40 mg/(L·循环)时，f_m 可取恒定值 0.3（$f_m=0.3$）；
当 q_c 值高于 65 mg/(L·循环)时，f_m 可取恒定值 1.2（$f_m=1.2$）。
f_m 与 q_c 的关系如图 1.1-4 所示。

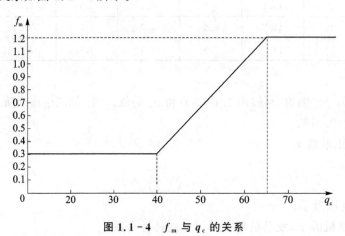

图 1.1-4　f_m 与 q_c 的关系

（2）查图法：
根据试验时环境温度 T 及试验时干空气气压 P_s 的值，可从图 1.1-5 中查得 a_d 的值。
例：如图中虚线所示，$p_s=102$ kPa，$T=296$ K，$f_m=0.6$ 时，$a_d=0.98$。

三、汽车燃料消耗量的检测

按照 GB 18565—2001《营运车辆综合性能要求和检验方法》的规定，汽车百公里燃料消耗量不得大于该车型原厂规定的相应等速百公里燃料消耗量。

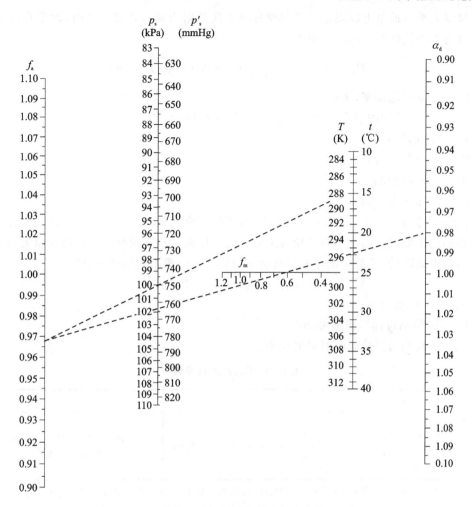

图 1.1-5 非增压及机械增压柴油机功率校正系数图

1. 底盘测功机检测汽车百公里燃料消耗量

在底盘测功机上检测汽车百公里燃料消耗量,首先必须使参检车辆及底盘测功机的技术状况均符合国家标准的技术条件和要求。

1) 加载量的确定和试验

在底盘测功机上进行油耗试验,关键是把汽车在道路上的行驶阻力(滚动阻力和空气阻力)在测功机上模拟出来。

下面介绍等速百公里油耗测试模拟加载量:

交通行业标准 JT/T 199—1995《汽车技术等级评定的检测办法》规定,用底盘测功机检测汽车的等速百公里油耗的测试条件为:

① 汽车为正常热状态;

② 变速器挂直接挡或最高挡;

③ 加载至限定条件并使汽车稳定在检测车速。GB/T 12545—1990《汽车燃料消耗量试验方法》规定限定条件下试验车速为:轿车(60 ± 2) km/h,铰链式客车(35 ± 2) km/h,其他车辆(50 ± 2) km/h。在台架试验汽车的等速百公里油耗时,合理确定测功机的加载量,以模拟汽

车在Ⅲ级以上平直道路上以规定车速行驶时所受到的阻力极其重要。此时,汽车克服滚动阻力和空气阻力所消耗的驱动轮功率为

$$P_k = \left(G \cdot f + \frac{1}{21.15}C_D \cdot A \cdot v^2\right) \cdot v/3\,600$$

式中:P_k——驱动轮功率,kW;
G——汽车受到的总重力,$G=mg$(m 为汽车总质量),N;
f——滚动阻力系数;
C_D——空气阻力系数;
A——迎风面积;
v——试验车速,km/h。

C_D、f、A 可参考表1-3中的推荐值,求出试验车速下驱动轮功率。计算时应考虑到测功机传动机构的摩擦损失功率及驱动轮与滚筒间的摩擦损失功率的存在。这两项损失功率应从上式计算值中减除后,才是应该在测功机功率吸收单元中模拟的加载量,即

$$P_{pau} = P_k - P_{pl} - P_c$$

式中:P_{pau}——模拟功率;
P_{pl}——传动机构摩擦损失功率;
P_c——轮胎与滚筒间摩擦损失功率。

表1-3 C_D、f、A 推荐值

车辆类型	C_D	f	A
轿车	0.35~0.55		
货车	0.40~0.60	$f=0.007\,6+0.000\,056v$	$A=1.05B\times H$ (B 为轮距,H 为车高)
客车	0.58~0.80		

注:半挂汽车、列车由于连接处间隙造成局部风阻增加,因此空气阻力一般比牵引车高15%。

以此作为测功机的模拟加载量。试验时,把汽车驱动轮驶入底盘测功机滚筒装置,把油耗传感器接入汽车的燃油管路,设定好试验车速,启动发动机。把变速器挂直接挡,逐渐踩下加速踏板,使测功机指示的功率值等于计算值并保持其稳定,按下油耗测量按钮。当驱动轮在滚筒上驶过不少于500 m的距离时,即可从显示装置上读得汽车的等速百公里油耗值。应重复试验三次,取其平均值作为结果。

参照有关规定,可在不同试验车速下进行车辆等速百公里油耗试验,并做出等速百公里油耗特性曲线。试验过程中,车辆使用常用挡位,车速从20 km/h开始,以车速10 km/h的整倍数均匀选取试验车速,直到最高车速的90%。至少测定5种车速。

测出500 m的耗油量,单位为mL,以下是折算百公里耗油量:

$$Q = q/5$$

式中:Q——百公里耗油量,L/100 km;
q——500 m的耗油量,mL。

当每个规定车速下的百公里油耗量都测出后,便可在以车速为横轴,百公里油耗量为纵轴的平面直角坐标中,绘出被测车辆的百公里油耗特性曲线图。图1.1-6所示为某些车型的等速百公里油耗特性曲线。

2) 环境试验条件
- 环境温度：0~40 ℃；
- 环境相对湿度：小于85%；
- 大气压力：80~110 kPa。

3) 检测结果的重复性检验

(1) 检验结果的重复性按第95百分位来判断。

(2) 标准差：第95百分位分布的标准差 R 与重复性检测次数 n 有关，如表1-4所列。

(3) 重复性检验：

ΔQ_{max} 为每次检测时，测量 n 次结果中最大值与最小值之差，单位 L/100 km；

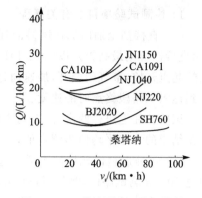

图1.1-6 等速百公里油耗特性

$\Delta Q_{max} < R$ 时，检测结果的重复性好，不必增加检测次数；

$\Delta Q_{max} > R$ 时，检测结果的重复性差，必须增加检测次数。

表1-4 标准差 R 与重复性检测次数 n 的关系

n/次	2	3	4	5	6
R/(L/100 km)	$0.053Q_{mp}$	$0.063Q_{mp}$	$0.069Q_{mp}$	$0.073Q_{mp}$	$0.085Q_{mp}$

注：Q_{mp} 为每次检测时，测量 n 次所得百公里燃料消耗量平均值(L/100 km)。

4) 检测数据的校正

燃料消耗量的检测值均应校正到标准状态下的数值。

(1) 标准状态：
- 环境温度：20 ℃；
- 大气压力：100 kPa；
- 汽油密度：0.742 g/cm³；
- 柴油密度：0.830 g/cm³。

(2) 校正公式：

$$Q_{mj} = Q_{mp}/C_1 \times C_2 \times C_3$$

式中：Q_{mj}——检测百公里燃料消耗量校正值，L/100 km；

Q_{mp}——检测百公里燃料消耗量算术平均值，L/100 km；

C_1——环境温度校正系数，$C_1 = 1 + 0.0025 \times (20 - t)$；

C_2——大气压力校正系数，$C_2 = 1 + 0.0021 \times (p - 100)$；

C_3——燃料密度的校正系数，其中对汽油机有 $C_3 = 1 + 0.8 \times (0.742 - G_g)$，对柴油机有 $C_3 = 1 + 0.8 \times (0.83 - G_d)$。

上面 C_1、C_2、C_3 的算式中：t 为检测时的环境温度，℃；P 为检测时的大气压力，kPa；G_g 为检测时的汽油平均密度，g/cm³；G_d 为检测时的柴油平均密度，g/cm³。

2. 道路试验检测汽车百公里燃油消耗量

不能用底盘测功机检测汽车百公里燃料消耗量的，可按GB/T 12545—1990中的有关规定，采用道路试验进行检测车速的等速试验，试验条件应符合该标准中第3章的规定。

1) 检测试验项目及有关规程

(1) 直接挡全油门加速燃料消耗量试验。测试路段长度为 500 m，试验时汽车挂直接挡（无直接挡可用最高挡），以 (30±1) km/h 的初速度，稳定通过 50 m 的预备路段。到达测试路段的起点开始，节气门全开，加速通过测试路段，记录通过该路段的加速时间、燃料消耗量及汽车到达测试路段终点时的速度。

试验各往返进行两次，测得同方向加速时间的相对误差不大于 5%，取测得 4 次加速时间试验结果的算术平均值为测定值，要符合该车技术条件的规定。

(2) 等速燃料消耗量的测试。选定测试路段长度为 500 m，汽车用常用挡位，等速行驶，通过 500 m 测试路段，测量通过该路段的时间及燃料消耗量。

试验车速从 20 km/h 开始，以每隔 10 km/h 的速度均匀选取车速，直至达到最高车速的 90%。至少测定 5 种不同车速，同一车速往返各进行两次。

以车速为横坐标，燃料消耗量为纵坐标，绘制等速燃料消耗量散点图，根据散点图绘制等速燃料消耗量特性曲线。

(3) 限定条件下燃料平均消耗量测试。测试路段应设在三级以上平原干线公路上，其长度不小于 50 km，以下列车速行驶并尽可能保持匀速：

① 轿车，车速为 (60±2) km/h；铰接式客车，车速为 (35±2) km/h；其他车辆，车速为 (50±2) km/h。

② 客车应每隔 10 km 停车 1 次，怠速运转 1 min 后重新起步，记录制动次数，各挡位使用次数、时间和行程。测定每 50 km 单程的燃料消耗量，往返各测试 1 次，以 2 次测量结果的算术平均值作为限定条件下的燃料平均消耗量的测定值。

(4) 多工况燃料消耗量测试。汽车运行工况可分为匀速、加速、减速和怠速等几种。实际运行时，往往是几种工况的组合，并以此决定车辆油耗。严格依据各自的试验循环要求进行燃料消耗量的测定。怠速工况时，离合器应接合，变速器置于空挡。从怠速运转工况转换为加速工况时，在换挡前 5 s，分离离合器，把变速器挡位换为低速挡。换挡应迅速、平稳。减速工况中，应完全放松加速踏板，离合器仍然接合，当车速降至 100 km/h 时，分离离合器，必要时允许使用制动器。

在进行多工况试验时，加速、匀速和使用制动器减速时，在每个工况除单独规定外，车速偏差为 ±2 km/h。在工况改变过程中，允许车速的偏差大于规定值；但在任何条件下，超过车速偏差时间不大于 1 s，即时间偏差为 ±1 s。

2) 试验结果的重复性检验和数据的校正

路试百公里燃油消耗量的检测值，应参照前述底盘测功机检测汽车百公里燃料消耗量的规定执行。

四、汽车制动性检测

采用路试方法检测汽车的制动性能。

利用试验检测仪器在试验道路上进行检测称为路试检测。路试法检测制动性能的特点在于：能够直观、简便、真实地反映车辆实际行驶过程中动态的制动性能，如轴荷转移的影响；能综合反映车辆其他系统的结构性能对车辆制动性能的影响，如转向机构、悬架系统结构和形式对制动方向稳定性的影响；不需要大型设备与场地、厂房。

路试制动性能检测项目是行车制动性能检测：

1) 用制动距离检测行车制动性能

(1) 制动距离。

(2) 制动稳定性。

2) 用充分发出的平均减速度检测行车制动性能

(1) 平均减速度(MFDD)。车辆在规定的初速度下急踩制动时充分发出的平均减速度(MFDD)和制动稳定性应符合表1-5中的要求。对空载检测制动性能有质疑时,可对表中满载检验的制动性能要求进行检测。

(2) 制动协调时间。制动协调时间的定义和限值应与台试检验的要求相同。

3) 应急制动性能检测

车辆在空载和满载状态下,按表1-6所列的初速度进行应急制动性能检验。测得的从应急制动操纵始点至车辆停住时的制动距离(或平均减速度)应符合表1-6的要求。

在进行应急制动试验前,应使被测车辆的行车制动系统的一处管路失效,然后按检测要求进行检测。

表1-5 制动减速度和制动稳定性要求

车辆类型	制动初速度/(km·h^{-1})	满载检验充分发出的平均减速度/(m·s^{-2})	空载检验充分发出的平均减速度/(m·s^{-2})	制动稳定性要求车辆任何部位不得超出的试车道宽度/m
座位数≤9的载客汽车	50	≥5.9	≥6.2	2.5
其他总质量≤4.5 t的汽车	50	≥5.4	≥5.8	2.5*
其他汽车、列车及无轨电车	30	≥5.0	≥5.4	3.0

* 对总质量大于3.5 t且小于4.5 t的汽车,试车道宽度为3 m。

表1-6 应急制动性能要求

车辆类型	制动初速度/(km·h^{-1})	制动距离/m	充分发出的平均减速度/(m·s^{-2})	允许操纵力/N (不大于) 手操纵	允许操纵力/N (不大于) 脚操纵
座位数≤9的载客汽车	50	≤38	≥2.9	400	500
其他载客汽车	30	≤18	≥2.5	600	700
其他汽车	30	≤20	≥2.2	600	700

4) 驻车制动性能检测

所谓驻车制动性能是指车辆在一定坡度上,利用驻车制动系统使车不下滑、溜坡的能力。

国标规定,检测用坡道表面附着系数大于0.7。在空载时总质量为整备质量的1.2倍以下的车辆,其驻车制动应保持在15%的坡道上,其他车辆驻车制动性能应保持在20%坡道上。稳定不动的时间5 min,而且正反两方向均应达到此要求。

测试时,行车制动系统不得起作用。为了满足驻车制动检测的要求,至少应有坡度为15%、20%的两个测试坡道。

所谓坡度是指坡道的高度与坡道的水平长度之比,也就是该坡道角的正切值。

检测时的操作力:手操纵时,对于座位数小于或等于9的载客车应不大于400 N,其他车辆应不大于600 N;脚操纵时,对于座位数小于或等于9的载客车应不大于500 N,其他车辆应不大于700 N。

五、汽车滑行性能检测

1. 滑行性能国标要求

对滑行性能的检测,GB 18565—2001《营运车辆综合性能要求和检验方法》中的规定如表1-7所列。

表1-7 车辆滑行距离要求

汽车整备质量 m/kg	双轴驱动车辆滑行距离/m	单轴驱动车辆滑行距离/m
$m<1\ 000$	≥104	≥130
$1\ 000≤m<4\ 000$	≥120	≥160
$4\ 000≤m<5\ 000$	≥144	≥180
$5\ 000≤m<8\ 000$	≥184	≥230
$8\ 000≤m<11\ 000$	≥200	≥250
$m≥11\ 000$	≥214	≥270

2. 滑行性能检测

1) 用底盘测功机检测滑行距离

(1) 汽车轮胎气压应符合规定值,传动系统润滑油油温不低于50 ℃。

(2) 根据测试车辆的基准质量选定测功机的相应当量惯量。当测功机所配备的飞轮系统的惯量级数不能准确满足测试车辆的当量惯量需要时,可选配与测试车辆整备质量最接近的转动惯量级,但应对检测结果作必要的修正。

(3) 将被测车辆驱动轮置于测功机滚筒上。启动汽车,按引导系统提示加速至高于规定车速(30 km/h)后,置变速器于空挡。利用车辆系统储备的动能,使其运转,直至车轮停止转动。

(4) 记录车辆从30 km/h开始的滑行距离。

2) 路试检验滑行距离

(1) 应在平坦(纵向坡度不应超过1%)、干燥、清洁的硬质路面上进行。风速不大于3 m/s。

(2) 车辆空载,轮胎气压应符合规定值。

(3) 被测车辆行驶速度高于30 km/h后,置变速器于空挡位,开始滑行。当速度为30 km/h时,用速度计或第五轮仪测量滑行距离。

(4) 测试至少往返各滑行1次,往返区段尽量一致。

3) 滑行阻力测试

(1) 应在平坦、干燥和清洁的硬质路面上进行。

(2) 车辆空载,轮胎气压应符合规定值。

(3) 解除制动,置变速器于空挡位。

(4) 用拉力传感器拉(或用压力传感器推)被测车辆。当被测车辆从静止开始移动时,记下传感器的拉(压)力值。

按以上规定的方法测得的滑行阻力 P_s 应符合

$$P_s \leqslant 0.015\% mg$$

式中：P_s——滑行阻力，N；

m——汽车的整车质量，kg；

g——重力加速度，9.8 m/s²。

被测车辆的滑行性能符合上述 1)、2)和 3)中任一项，即为检验合格。

任务 1.2　拆装工具介绍

【任务目标】
(1) 掌握汽车常见拆装工具的使用方法。
(2) 能够正确、熟练地使用拆装工具。

【任务描述】
无论汽车的拆装，还是在汽车的检测与调试中，我们都会用到拆装工具，因此掌握拆装工具的使用尤为重要。

【任务实施】
内容详见 1.2.1 小节和 1.2.2 小节。

1.2.1　常用拆装工具的种类

1. 普通扳手

(1) 开口扳手。如图 1.2-1 所示，开口扳手是最常见的一种扳手，又称呆扳手。其开口的中心平面和本体中心平面成 15°角，这样既能适应人手的操作方向，又可降低对操作空间的要求。其规格是以两端开口的宽度 $S(mm)$ 来表示的，如 8～10、12～14 等。通常是成套装备，有 8 件一套、10 件一套等。一般用 45 号钢、50 号钢锻造，并经热处理。

(2) 梅花扳手。如图 1.2-2 所示，梅花扳手其两端是环状的，环的内孔由两个正六边形互相同心错转 30°而成。使用时，扳动 30°后，即可换位再套，因而适用于狭窄场合下操作。与开口扳手相比，梅花扳手强度高，使用时不易滑脱；但套上、取下不方便。其规格是以闭口尺寸 $S(mm)$ 来表示的，如 8～10、12～14 等。通常是成套装备，有 8 件一套、10 件一套等。一般用 45 号钢或 40 号钢锻造，并经热处理。

图 1.2-1　开口扳手　　　　　图 1.2-2　梅花扳手

(3) 套筒扳手。如图 1.2-3 所示，套筒扳手的材料、环孔形状与梅花扳手相同，适用于拆装位置狭窄或需要一定扭矩的螺栓或螺母。套筒扳手主要由套筒头、手柄、棘轮手柄、快速摇柄、接头和接杆等组成，各种手柄适用于各种不同的场合，以操作方便或提高效率为原则。常用套筒扳手的规格是 10～32 mm。在汽车维修中，还采用了许多专用套筒扳手，如火花塞套筒、轮毂套筒、轮胎螺母套筒等。

(4) 活动扳手。如图 1.2-4 所示,活动扳手其开口尺寸能在一定的范围内任意调整,使用场合与开口扳手相同,但活动扳手操作起来不太灵活。其规格是以最大开口宽度(mm)来表示的,常用的有 150 mm、300 mm 等,通常是由碳素钢(T)或铬钢(Cr)制成的。

(5) 扭力扳手。如图 1.2-5 所示,扭力扳手是一种可读出所施扭矩大小的专用工具。其规格是以最大可测扭矩来划分的,常用的有 294 N·m、490 N·m 两种。扭力扳手除用来控制螺纹件旋紧力矩外,还可以用来测量旋转件的启动转矩,以检查配合、装配情况。如北京 492Q 发动机的曲轴启动转矩应不大于 19.6 N·m。

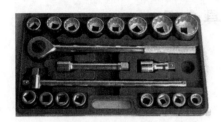
图 1.2-3 套筒扳手

图 1.2-4 活动扳手

图 1.2-5 扭力扳手

(6) 内六角扳手。如图 1.2-6 所示,内六角扳手是用来拆装内六角螺栓(螺塞)用的。规格以六角形对边尺寸 S 表示,有 3~27 mm 尺寸的 13 种。汽车维修作业中,使用成套内六角扳手拆装 M4~M30 的内六角螺栓。

2. 螺丝刀

(1) 一字螺丝刀如图 1.2-7 所示,又称一字形螺钉旋具、平口改锥,用于旋紧或松开头部开一字槽的螺钉。一般工作部分用碳素工具钢制成,并经淬火处理。一字螺丝刀由木柄、刀体和刃口组成。其规格以刀体部分的长度表示,常用的规格有 100 mm、150 mm、200 mm 和 300 mm 等几种。使用时,应根据螺钉沟槽的宽度选用相应的规格。

(2) 十字螺丝刀如图 1.2-8 所示,又称十字槽螺钉旋具、十字改锥,用于旋紧或松开头部带十字沟槽的螺钉。材料和规格与一字螺丝刀相同。

图 1.2-6 内六角扳手

图 1.2-7 一字螺丝刀

图 1.2-8 十字螺丝刀

3. 手锤和钳

(1) 钳工锤。如图 1.2-9 所示,钳工锤又称圆头锤。其锤头一端平面略有弧形,是基本工作面;另一端是球面,用来敲击凹凸形状的工件。规格以锤头质量来表示,以 0.5~0.75 kg 的最为常用,锤头以 45 号、50 号钢锻造,两端工作面热处理后硬度一般为 HRC50~57。

(2) 尖嘴钳。如图 1.2-10 所示,因其头部细长,所以能在较小的空间工作。带刃口的能剪切细小零件,使用时不能用力太大,否则钳口头部会变形或断裂。规格以钳长来表示,常用 160 mm 一种。

（3）鲤鱼钳。如图 1.2-11 所示,鲤鱼钳钳头的前部是平口细齿,适用于夹捏一般小零件;中部凹口粗长,用于夹持圆柱形零件,也可以代替扳手旋小螺栓、小螺母;钳口后部的刃口可剪切金属丝。由于一片钳体上有两个互相贯通的孔,又有一个特殊的销子,故操作时钳口的张开度可很方便地变化,以适应夹持不同大小的零件,是汽车维修作业中使用最多的手钳。规格以钳长来表示,一般有 165 mm、200 mm 两种,用 50 号钢制造。钢丝钳的用途和鲤鱼钳相似,但其支销相对于两片钳体是固定的,故使用时不如鲤鱼钳灵活;但剪断金属丝的效果比鲤鱼钳要好。规格有 150 mm、175 mm、200 mm 三种。

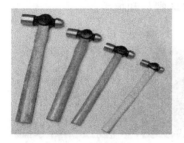
图 1.2-9 钳工锤

图 1.2-10 尖嘴钳

图 1.2-11 鲤鱼钳

4. 活塞环拆装钳

活塞环拆装钳在活塞环拆与装时使用,防止不正当的操作而导致活塞环形式折断,如图 1.2-12 所示。

5. 拉力器

拉力器用来完成 3 种工作:把物体从轴上拉出,把物体从孔中拉出,把轴从物体中拉出,如图 1.2-13 所示。

图 1.2-12 活塞环拆装钳

6. 衬套、轴承、密封圈安装器

安装衬套、轴承和密封圈是一项很困难的工作。在安装过程中,这些部件必须正确定位,甚至安装这些部件的时候必须施加一定的压力。衬套安装器可以用来完成这项工作。

图 1.2-14 中左侧是一个轴衬、轴承、密封圈驱动器套件。图 1.2-14 中的圆圈表示所用的一些衬套引导件的大小。注意给出了一些衬套引导件的侧视图来显示它们的形状。不同的

图 1.2-13 拉力器

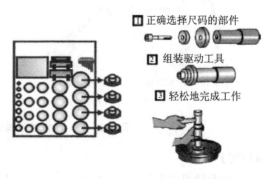
图 1.2-14 衬套、轴承、密封圈安装器

引导件用于不同内径的衬套。这些引导件包括压盘和手柄。还有几个隔板和驱动器,可以在要安装的部件上施加均匀的力。图 1.2-14 给出了安装的 3 个步骤。压盘的直径范围为 0.5~4.5 m。

1.2.2 正确选用和注意事项

1. 扳手类工具的使用方法

所选用的扳手的开口尺寸必须与螺栓或螺母的尺寸相符合,扳手开口过大易滑脱并损伤螺件的六角。在进口汽车维修中,应注意扳手尺寸公英制单位的选择。各类扳手工具的选用原则,一般优先选用套筒扳手,其次为梅花扳手,再次为开口扳手,最后选活动扳手。

如图 1.2-15 所示,为防止扳手损坏和滑脱,应使拉力作用在开口较厚的一边,这一点对受力较大的活动扳手尤其应该注意,以防开口出现"八"字形,损坏螺母和扳手。

图 1.2-15 扳手的正确使用方法

普通扳手是按人手的力量来设计的,遇到较紧的螺纹件时,不能用手锤击打扳手。除套筒扳手外,其他扳手都不能套装加力杆,以防损坏扳手或螺纹连接件。

2. 螺丝刀的使用方法

螺丝刀型号规格的选择应以沟槽的宽度为原则,不可带电操作;使用时,除施加扭力外,还应施加适当的轴向力,以防滑脱损坏零件;不可用螺丝刀撬任何物品。

3. 手锤的使用方法

常用挥锤的方法:手腕挥、手臂挥和肘部挥三种,如图 1.2-16(a)所示。手腕挥锤只有手腕动,锤击力小,但准、快、省力;大臂挥是大臂和小臂一起运动,锤击力最大。注意事项:使用手锤时,切记要仔细检查锤头和锤把是否楔塞牢固,握锤应握住锤把后部,如图 1.2-16(b)所示。

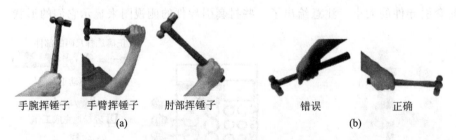

图 1.2-16 手锤的正确使用方法

【项目评定】

为了解学生此项目的掌握情况,可通过表 1-8 对学生的理论知识和实际动手能力进行定量的评估。

表1-8 项目评定表

序号	考核内容	规定分	评分标准
1	正确使用工具、仪器	10分	工具使用不当扣10分
2	正确的拆装顺序	40分	拆装顺序错误酌情扣分
	零件摆放整齐		摆放不整齐扣5分
	能够清楚各个零件的工作原理		叙述不出零件的工作原理扣5分
3	正确组装	30分	组装顺序错误酌情扣分
4	组装后能正常工作	10分	不能工作扣10分
			能部分工作扣5分
5	整理工具,清理现场	10分	每项扣2分,扣完为止
	安全用电、防火、无人身、设备事故		如不按规定执行,本项目按0分计
6	分数合计	100分	

习 题

(1) 汽车的检测系统由哪几部分组成?
(2) 汽车的动力性评价指标有哪些?
(3) 汽车燃料消耗量的检测方法有哪些?
(4) 路试检测汽车制动性的检测项目有哪些?
(5) 如何检测汽车的侧滑?
(6) 简述套筒扳手的规格和使用方法。
(7) 简述拉力器的使用方法。
(8) 简述活塞环拆装钳的使用方法。
(9) 简述扳手类工具的正确使用方法和注意事项。

项目2　发动机的拆装

【项目要求】
(1) 掌握发动机各部分的构造。
(2) 掌握发动机的拆装和检测方法。

【项目解析】
通过本项目的学习,学生会对发动机有更深刻的认识,掌握其各部分的构造,掌握其拆装和检测的方法。

任务2.1　曲柄连杆机构的拆装

【任务目标】
(1) 熟悉曲柄连杆机构的作用及组成。
(2) 掌握机体组的拆装、检查、调整。
(3) 掌握活塞连杆组的拆装、装配及检验。
(4) 熟练进行曲轴飞轮组的拆装。

【任务描述】
曲柄连杆机构作用:能量转换,即将燃烧过程中热能(化学能)转变为动能(机械能);运动转换,即将活塞往复直线运动转换为曲轴的旋转运动。曲柄连杆机构由发动机本体、活塞连杆组和曲轴飞轮组三个部分组成。

以桑塔纳轿车的发动机为例,讲述曲柄连杆机构的拆装。

【任务实施】
内容详见2.1.1小节～2.1.3小节。

2.1.1　机体组拆装

一、技术标准及要求
(1) 曲轴带轮紧固螺栓拧紧力矩为 20 N·m。
(2) 齿形带后防护罩紧固螺栓拧紧力矩为 10 N·m,张紧轮拧紧力矩为 45 N·m。
(3) 曲轴齿形带轮、中间轴齿形带轮两者紧固螺栓拧紧力矩均为 80 N·m。
(4) 气缸盖的拧紧分4次来进行:第1次拧紧力矩 40 N·m,第2次拧紧力矩 60 N·m,第3次拧紧力矩 75 N·m,第4次旋紧90°。

二、操作步骤及工作要点

1. V形皮带及齿形带的拆卸
(1) 旋松发动机撑紧臂的固定螺栓,拆卸水泵、发动机的传动V形皮带。
(2) 拆卸水泵带轮、曲轴带轮,拆卸齿形带上防护罩,注意观察正时标记。
(3) 旋松齿形皮带张紧轮紧固螺母,转动张紧轮的偏心轴,使齿形皮带松弛,取下齿形皮带。

(4) 拆下曲轴齿形带轮、中间轴齿形带轮,拆下齿形皮带后防护罩。

2. 发动机外部附件的拆卸

(1) 拆卸水泵上尚未拆卸的连接管。

(2) 拆卸水泵、发电机、启动机、分电器、汽油泵、机油滤清器、化油器、进排气歧管、火花塞等。

3. 发动机机体解体

(1) 放出油底壳内机油,拆下油底壳,更换机油密封衬垫。

(2) 拆卸机油泵、机油滤清器。

(3) 拆卸气门室罩,更换气门室罩密封垫。

(4) 拆下气缸盖,其螺栓应从两端向中间分次、交叉拧松。

(5) 拆卸离合器总成。

(6) 拆卸齿形皮带时,应使1缸处于压缩上止点。

(7) 观察气缸垫的安装方向(OPEN.TOP 向上)。

(8) 观察离合器装配标记并做好装配记号。

2.1.2 活塞连杆组的拆装

一、技术标准及要求

(1) 活塞环的侧隙为 0.02~0.05 mm。

(2) 活塞环的端隙为:第1道气环 0.03~0.45 mm,第2道气环 0.25~0.40 mm,油环 0.25~0.50 mm,磨损极限值为 1 mm。

(3) 3 道环不要装错,3 道环的开口要错开 120°。

二、操作步骤及工作要点

1. 活塞连杆组的拆卸

(1) 转动曲轴,将准备拆卸的连杆对应的活塞转到下止点。

(2) 拆卸连杆螺母,取下连杆轴承盖,并按顺序放好。

(3) 用橡胶锤或木槌柄推出活塞连杆组(事先刮去气缸上的台阶,以免损坏活塞环),注意不要硬撬、硬敲,以免损伤气缸。

(4) 取出活塞连杆组后,应将连杆轴承盖、螺栓、螺母按原位装回,并注意连杆的装配标记。标记应朝向皮带盘,活塞、连杆和连杆轴承盖上打上对应缸号。

2. 活塞连杆组的分解

(1) 用活塞环装卸钳拆下活塞环,观察活塞环上的标记,"TOP"朝向活塞顶。

(2) 将活塞连杆组浸入 60% 热水中,并在热状态下拆下活塞销和活塞。

3. 活塞连杆组的装合

(1) 活塞连杆组的检验:

① 活塞椭圆度的检验。许多活塞都制成椭圆形,其短轴在活塞销方向上。活塞椭圆度的检验,应在椭圆度检验仪上进行。椭圆度的值是 0.40 mm。

② 活塞环的检验。用厚薄规检查活塞环与环槽的侧隙:新装时侧隙为 0.02~0.05 mm,达到 0.15 mm 时必须更换。再用厚薄规检查活塞环与环槽的端隙:将活塞环垂直压进气缸,

使其距离气缸顶面 15 mm。新环:第 1 道气环为 0.03~0.45 mm,第 2 道气环为 0.25~0.40 mm,油环为 0.25~0.50 mm,磨损极限值为 1.0 mm。

(2) 彻底清洗各零件,并用压缩空气吹干净。

(3) 活塞销是全浮式,即活塞销和连杆铜套及活塞销座之间均为间隙配合。活塞销与销座装配时有点紧,可以把活塞在水中加热到 60 ℃(略比手烫,但长时间接触也不觉烫手),此时用大拇指应可压入;否则,即为部件配合不符合要求。

(4) 装上活塞销锁环(锁环与活塞销端面应有 0.15 mm 的间隙,以满足活塞销和活塞热胀冷缩的需要)。

(5) 安装活塞环。第 1 道环是矩形环,第 2 道环是锥形环,第 3 道是油环(组合环),要用活塞环装卸钳依次装好。注意:"TOP"朝向活塞顶。

4. 将活塞连杆组件装入气缸

(1) 将第 1 缸曲柄转到下止点位置,取第 1 缸的活塞连杆总成,在轴瓦、活塞环处加注少许机油,转动各环使润滑油进入环槽,并检验各环开口是否处于规定方位。

(2) 用夹具收紧各环,按活塞顶箭头方向将活塞连杆总成从气缸顶部放入缸筒,用手引导连杆使其对准曲轴轴颈,用木槌柄将活塞推入。

(3) 取第 1 缸的连杆轴承盖(带有轴瓦),使标记朝前装在连杆上,并按规定力矩交替拧紧连杆螺母,拧紧力矩:M9×1 为 45 N·m,M8×1 为 30 N·m。

(4) 依同样方法,将其余各缸活塞连杆组件装入相应气缸。注:M8×1 的连杆螺栓为预应力螺栓,在按规定力矩拧紧连杆螺母时,连杆螺栓在弹性变形范围内被拉长,螺栓和螺母之间有较大而稳定的摩擦力,所以螺母不需要防松装置。但在修理过程中一旦拆过连杆螺母,就必须更换。

三、注意事项

(1) 拆卸、安装活塞时一定要注意各缸记号,若无记号则必须做标记。

(2) 安装活塞销时要用专用工具或加热到 60 ℃ 进行。

(3) 活塞销挡圈开口要与活塞销孔上的缺口错开。

(4) 3 道环的开口要错开。

2.1.3 曲轴飞轮组的拆装

一、技术标准及要求

(1) 曲轴主轴承盖螺栓拧紧力矩 65 N·m。

(2) 曲轴前后密封法兰紧固力矩 M8 为 20 N·m,M10 为 10 N·m。

(3) 曲轴后端滚针轴承应低于曲轴后端面 1.5 mm。

(4) 飞轮紧固螺栓按对角线,分 2~3 次旋紧,拧紧力矩为 75 N·m。

二、操作步骤及工作要点

1. 曲轴飞轮组的拆卸

(1) 将气缸体倒置在工作台上,拆卸中间轴密封凸缘。

(2) 拆卸缸体前端中间轴密封凸缘中的油封,装配时必须更换。

(3) 拆卸中间轴,拆卸皮带盘端曲轴油封,拆卸前油封凸缘及衬垫。

(4) 旋出飞轮固定螺栓,从曲轴凸缘上拆下飞轮。

(5) 拆下曲轴主轴承盖紧固螺栓,不能一次全部拧松,必须分次从两端到中间逐步拧松。

(6) 抬下曲轴,再将轴承盖及垫片按原位装回,并将固定螺栓拧入少许。

注意:推力轴承的定位及开口的安装方向,轴瓦不能互换。

2. 曲轴飞轮组的装配

(1) 将经过清洗和擦拭干净的曲轴、飞轮、选配及修配好的轴承、轴承盖等零件依次摆放整齐,准备装配。

(2) 将曲轴安装在缸体上。在第3道主轴颈两侧安装半圆止推垫片,其开口必须朝向曲轴。定位半圆止推垫片装于轴承盖上(注意:轴承盖按序号1~5安装,不得装错或装反。1、2、4、5道曲轴瓦,只有装在缸体上的轴瓦有油槽,装在瓦盖上的无油槽;但第3道轴瓦两片均有油槽),从中间轴承盖向左右对称紧固螺栓。

(3) 安装曲轴前后油封和油封座,安装飞轮和滚针轴承,新换飞轮时,还应在飞轮"0"标记(1、4缸上止点记号)附近打印上点火正时记号。变速器输入端外端的滚针轴承安装时标记朝外(朝后),外端距曲轴后端面1.5 mm。

(4) 检验曲轴的轴向间隙。检验时,先用撬棍将曲轴撬挤向一端,再用厚薄规在止推轴承处测量曲柄与止推垫片之间的间隙。新装配时间隙值为0.07~0.17 mm,磨损极限为0.25 mm。如曲轴轴向间隙过大,应更换止推轴承。

三、注意事项

(1) 拆卸曲轴主轴承盖时,注意拆卸顺序;安装曲轴主轴承盖时,应先旋紧第2、4轴承盖螺栓,再旋紧第1、3、5轴承盖螺栓。

(2) 曲轴后端滚动轴承有标记的,面应朝外。

(3) 安装飞轮时,齿圈上的标记与1缸连杆轴颈在同一个方向上。

(4) 注意曲轴与飞轮的相对位置。

任务2.2　配气机构的拆装

【任务目标】

(1) 熟悉气缸盖的拆装方法及要求。

(2) 掌握齿形皮带的拆装、检查、调整。

(3) 掌握顶置凸轮轴的拆装方法及要求。

【任务描述】

配气机构的作用是配合发动机工作循环和点火顺序,及时打开并关闭进、排气门;使可燃混合气进入气缸内燃烧做功,并使燃烧后的废气排出气缸。

以桑塔纳轿车的发动机为例,讲述配气机构的拆装。

【任务实施】

内容详见2.2.1小节~2.2.3小节。

2.2.1　配气机构概述

配气机构是由气门组和气门传动组两部分构成的。按结构不同,可分为侧置式和顶置式两种,如图2.2-1~图2.2-3所示。按凸轮轴位置安装时的不同,又可分为上置式、中置式和下置式等,如图 2.2-4、图 2.2-5 和图 2.2-6 所示。

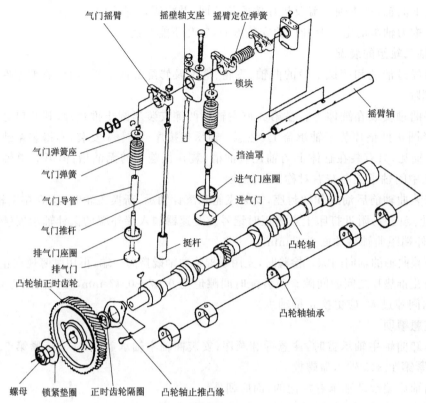

图 2.2-1 分解后的 EQ6100-1 配气机构(侧置式)

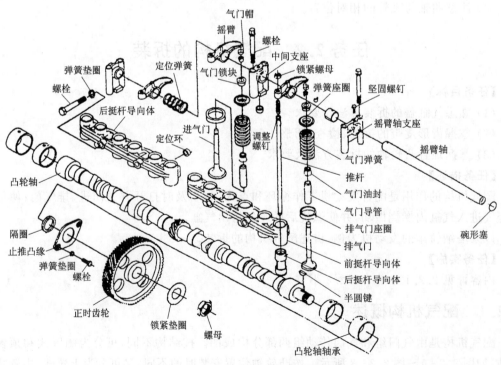

图 2.2-2 分解后的 CA6102(顶置式)

项目 2 发动机的拆装

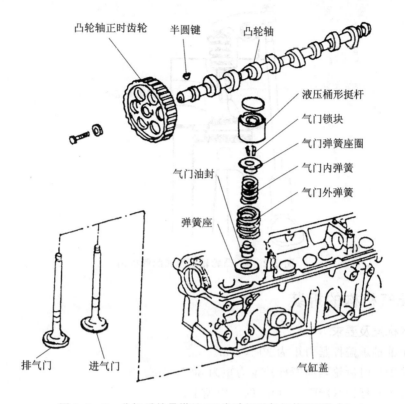

图 2.2-3 分解后的桑塔纳 JV 发动机配气机构(顶置式)

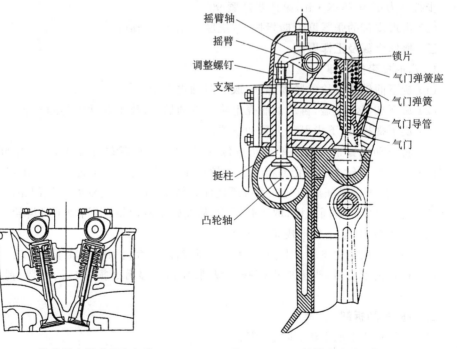

图 2.2-4 凸轮轴上置式配气机构　　图 2.2-5 凸轮轴中置式配气机构

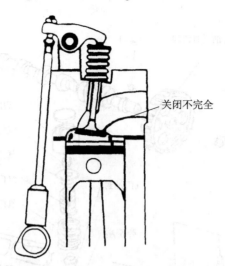

图 2.2-6 凸轮轴下置式配气机构

2.2.2 配气机构的拆装

一、技术标准及要求

(1) 凸轮轴轴承盖拧紧力矩为 20 N·m。
(2) 凸轮轴正时齿轮紧固螺栓拧紧力矩为 80 N·m。
(3) 气缸垫有标记"OPEN.TOP"的一面朝上。
(4) 气缸盖紧固螺栓拧紧分 4 步：第 1 步拧紧力矩 40 N·m，第 2 步拧紧力矩 60 N·m，第 3 步拧紧力矩为 75 N·m，第 4 步旋紧 90°。
(5) 齿形皮带的张紧度为拇指按下，挠度为 10~15 mm。

二、操作步骤及工作要点

1. 齿形皮带的拆卸

(1) 旋下曲轴皮带轮的紧固螺栓，取下曲轴皮带轮。
(2) 旋下加机油口盖，再从油底壳上旋下放油螺塞，放出发动机的润滑油。
(3) 旋下螺栓，取下齿形带上罩和下罩。
(4) 将发动机置于 1 缸压缩上止点位置，将曲轴皮带轮转至上方，对准中间轴上的记号。再将凸轮轴正时齿轮上的标记对准气缸盖罩的上边沿，此时为 1 缸压缩上止点。这时凸轮轴没有推压气门，可以保证拆卸气缸盖时既使曲轴转动，也不会使活塞与气门相撞而损气门。
(5) 旋下张紧轮紧固螺栓，取下张紧轮，从曲轴正时齿轮、中间轴正时齿轮、凸轮轴正时齿轮上取下齿形皮带，取下齿形皮带后盖板。
(6) 用工具固定住飞轮，用专用工具取下曲轴正时齿轮和中间轴正时齿轮。
(7) 检查齿形皮带，当齿形皮带有破裂、胶质部分显著磨损、缺齿、断裂、剥离及芯线显露时，均应更换。

2. 气缸盖的拆卸

(1) 从气缸盖上取下进、排气歧管。
(2) 取下加强板、气门室罩，从凸轮轴轴承盖上撬下导油板。
(3) 按照从两边到中间交叉进行的顺序，旋下气缸盖螺栓，拆下气缸盖总成。

3. 凸轮轴的拆卸

（1）取下凸轮轴正时齿轮、半圆键。

（2）按照先拆下第1、3道的轴承盖,再拆下第2、5道的轴承盖,最后拆下第4道的轴承盖的顺序,拆下凸轮轴轴承盖,并按顺序放好。

4. 凸轮轴的装配

（1）安装凸轮轴之前,先装上各轴承盖,检查凸轮轴孔是否错位。

（2）安装凸轮轴时,1缸的凸轮必须向上,不压迫气门。

（3）装上轴承盖后,先按对角线交替旋紧第2、第5道的轴承盖,力矩为20 N·m,然后再装上第1、第3道的轴承盖,最后装上第4道的轴承盖。旋紧全部轴承盖螺栓,力矩为20 N·m。

（4）安装凸轮轴油封,装上凸轮轴半圆键和正时齿轮,旋紧螺栓,力矩为80 N·m。

5. 气缸盖的装配

（1）将新气缸盖垫上有标记"OPEN.TOP"的一面朝向气缸盖。

（2）转动曲轴,使各缸活塞均不在上止点位置,以防与气门相撞。

（3）装上气缸盖,按照从中间到两边交叉拧紧的顺序拧紧气缸盖螺栓,分4步拧紧。

6. 正时齿形皮带的安装

（1）在曲轴和曲轴正时齿轮上放上斜切键后装在一起,旋上螺栓(此螺栓1982年10月前原为M12×1.5,力矩为80 N·m,后改为M14×1.5,力矩为200 N·m),并临时装上曲轴皮带轮(用于调整曲轴的上止点)。

（2）曲轴正时齿轮和中间轴正时齿轮上套上齿形皮带,让曲轴皮带轮上的标记与中间轴正时齿轮上标记对准。

（3）将正时齿形皮带套在凸轮轴正时齿轮上,让凸轮轴正时齿轮上的标记对准气缸盖的上边沿。

（4）装上张紧轮。旋转张紧轮,使齿形皮带张紧。最后旋紧螺母,力矩为45 N·m。

7. 正时齿形皮带的检查与调整

用拇指和食指捏住在凸轮轴正时齿轮和中间轴正时齿轮之间的齿形皮带,将其扭转90°。若不能翻转90°,则说明太紧;若翻转大于90°,则说明太松。用扳手松开张紧轮螺母,对张紧轮再进行调整。调好后,要转动曲轴两转,再进行检查。

2.2.3 注意事项

（1）拆卸正时齿形皮带时,必须使第1缸处于压缩上止点。

（2）拆卸气缸盖时必须按照顺序旋松螺栓。

（3）拆卸凸轮轴轴承盖时要按顺序进行。

（4）装配时按照规定的顺序和力矩来进行装配。

（5）要检查正时齿形皮带的松紧度,并进行调整使之符合技术要求。

任务2.3 冷却系统的拆装

【任务目标】

（1）了解冷却系统的组成和水循环路线。

(2) 掌握节温器、V 形带的检查。

(3) 熟悉水泵的拆装要领。

【任务描述】

冷却系统以水(或冷却液)作为冷却介质。冷却系统的作用是冷却发动机受热的零件,从而保证发动机在最适宜的温度范围内工作。

以桑塔纳汽车发动机台架、水泵、节温器等为例,讲述冷却系统的拆装。

【任务实施】

内容详见 2.3.1 小节~2.3.3 小节。

2.3.1 冷却系统的组成及冷却液流

一、冷却系统的组成

冷却系统主要由散热器、冷却风扇(含温控液力偶合器)、水泵、节温器和冷却水套等部件组成,如图 2.3-1 所示。

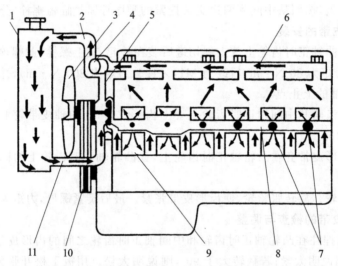

1—散热器;2—上水管;3—风扇;4—节温器;5—旁通道;6—水套;
7、8—出水管;9—水泵;10—风扇带;11—下水管

图 2.3-1 发动机强制循环系统

二、发动机冷却液流(丰田发动机)

有两种类型的冷却系统,它们的区别在于节温器的安装位置。一种是节温器安装在发动机冷却液的出口处,如图 2.3-2 所示;另一种是安装在发动机冷却液的入口处,如图 2.3-3 所示。

1. 节温器安装在发动机冷却液出口处的类型

当冷却液温度低于 83 ℃时,冷却液进行小循环。

当发动机冷却液温度较低时,节温器(恒温器)主阀门关闭,切断冷却液流入散热器即冷却液只流入旁通道。水泵将冷却液直接压入气缸体及气缸盖水套,然后又流入旁通道。

当冷却液温度高于 83 ℃时,冷却液进行大循环。当冷却液温度升高时,节温器(恒温器)主阀门逐渐打开,让热的冷却液经节温器流到散热器,在散热器中散热,然后流回水泵,水泵又

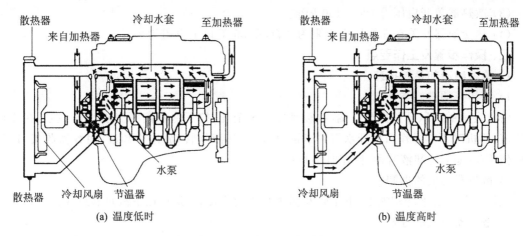

(a) 温度低时　　　　　　　　　(b) 温度高时

图 2.3-2　节温器位于出口

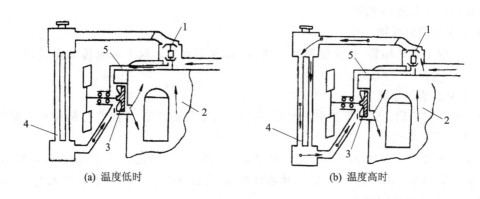

(a) 温度低时　　　　　　　　　(b) 温度高时

1—双阀节温器；2—水套；3—水泵；4—散热器；5—旁通管

图 2.3-3　节温器位于入口

把冷却液压入发动机缸体水套。随后冷却液流出缸盖水套又流到散热器中进行散热，与此同时冷却液也流过旁通水路。

2. 节温器安装在发动机冷却液入口处的类型

当冷却水温低于 83 ℃时，冷却液进行小循环。

当发动机冷却液温度较低时，节温器主阀门关闭，旁通阀打开。水泵将冷却液压到气缸体与气缸盖水套，然后流经旁通水路回到水泵。

当冷却液温度高于 83 ℃时，冷却液进行大循环。

当发动机冷却液温度升高时，节温器主阀门逐渐打开，旁通阀门也逐渐关闭。热的冷却液流经散热器，在散热器中得到足够的冷却，然后通过节温器回到水泵，接着被压入缸体及缸盖水套吸热，吸热后又流进散热器中散热。

2.3.2　冷却系统拆装

一、技术标准及要求

(1) 节温器开启温度 85 ℃，开启行程 7 mm。

(2) 风扇电机热敏开关开启温度 90～98 ℃，关闭温度 88～93 ℃。

(3) 散热器盖开启压力 120～150 kPa。

(4) 热交换器开关在 5 ℃以下电阻为 0 Ω，在 55 ℃以上电阻为∞。

二、操作步骤及工作要点

1. 桑塔纳冷却系统拆装

1) 冷却液的排放与补充

将仪表板的暖风开关拨至右端，将暖风控制阀全开；拧下冷却液膨胀水箱盖（必须在冷机时排液，热机时不能操作）；松开水管的卡箍，拉出冷却液软管，放出冷却液，用容器收集，以便今后使用（注意：冷却液有毒，操作时小心）。

2) 散热器总成的拆卸

从散热器上拆下冷却液上、下水管及膨胀水箱的连接管，最后取下散热器总成。

3) 散热器总成的分解

旋下螺栓取下风扇及风扇罩。旋下螺母，从风扇罩上取下风扇及电机。从散热器上旋下风扇电机热敏开关及 O 形圈。

4) 水泵总成的拆卸

从泵上取下水循环管、热交换器回水管、冷却液下水管。取下水泵传动皮带，拆下水泵总成。

5) 水泵总成的分解

取下水泵皮带轮。旋下螺栓取下水泵和衬垫、取下节温器盖、节温器 O 形圈和节温器。

6) 节温器的检查

节温器为蜡式节温器，检查节温器的功能是否正常，可将节温器置于热水中，观察温度变化时节温器的动作。温度为 (87±2)℃ 开始打开，温度达 (102±3)℃ 时，其升程大于 7 mm。

7) V 形带张紧度的检查

因为交流发动机及水系是用三角带传动的，使用一段时间后，由于皮带磨损或其他原因，皮带的张紧程度变松，影响传动效率，降低传动件的使用寿命。一般在水泵皮带中间处用拇指按压，其挠度为 10 mm，否则应予以调整。

2. 桑塔纳冷却系统的装配

1) 水泵的安装

将水泵及发动机的水道清洁干净，再将水泵、衬垫装到水泵体上，紧固力矩为 10 N·m。再装上水泵皮带轮，紧固力矩为 20 N·m；装上节温器、O 形圈及节温器盖，紧固力矩为 10 N·m，最后将组装好的水泵总成装到气缸体左侧，紧固力矩为 20 N·m。

2) 散热器的安装

将风扇电机装到风扇罩上，紧固力矩为 10 N·m。然后一起装到散热器上，紧固力矩为 10 N·m。旋紧风扇电机热敏开关，紧固力矩为 25 N·m，散热器装上橡胶垫后，放入车身的安装孔中，再装上支架，紧固力矩为 10 N·m。

3) 冷却水管的连接

在气缸盖的左侧装上连接管、衬垫，紧固力矩为 10 N·m。在气缸盖后面装上衬垫、热交换器的水管接头，紧固力矩为 10 N·m。装上小循环水管及冷却液上水管、冷却液下水管。在热交换器水管接头上旋上水温感应塞，紧固力矩为 10 N·m，最后安装膨胀箱及其连接水管。

4) 冷却液的选择和添加

一般应根据环境温度来选择冷却液,并添加至规定数量,符合要求为止。

2.3.3 注意事项

(1) 放出冷却液时要小心,冷却液有毒。
(2) 冷却液要按照厂家的规定来选择和添加。

任务 2.4 润滑系统的拆装

【任务目标】
(1) 掌握润滑系统主要机件的拆装要领和调整方法。
(2) 能够正确分析出润滑系统的油路。

【任务描述】
润滑系统的主要作用为润滑、清洁、冷却、封闭和防锈。
以桑塔纳发动机为例,讲述发动机润滑系统的拆装。

【任务实施】
内容详见 2.4.1 小节～2.4.3 小节。

2.4.1 润滑系统的组成及润滑油路

一、润滑系统的组成

润滑系统主要部件有油底壳、机油泵、限压阀(溢流阀)、机油滤清器、机油集滤器、油压传感器、机油散热器和机油压力表等。

图 2.4-1 和图 2.4-2 所示为润滑系统的组成示意图。

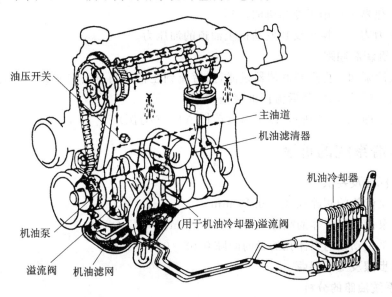

图 2.4-1 丰田发动机(A4-F)润滑系统

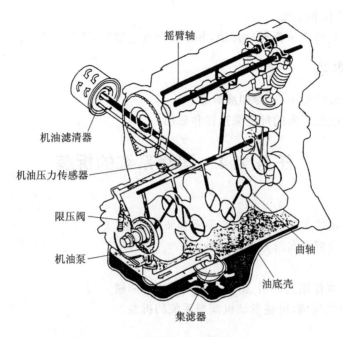

图 2.4-2 马自达轿车发动机润滑系统

- 油底壳——用于存储机油。
- 机油泵——把机油压力提高后压送至发动机的运动零件,并使润滑油循环流动。
- 限压阀(溢流阀)——控制发动机主油道的油压力。
- 机油滤清器——用于过滤机油杂质。
- 机油集滤器——用于过滤进入机油泵机油的杂质。
- 油压传感器——把机油压力转换成电信号传给机油压力表。
- 机油散热器——用于冷却机油。
- 机油压力表——用于反映发动机主油道的油压力。

二、发动机润滑油路

机油经机油泵加压再送到滤清器过滤,然后流到主油道再到各分油道。通过各分油道把润滑油压送到各运动零件,最后流回油底壳。

润滑油路如图 2.4-3 所示(以丰田发动机 A4-F 为例)。

2.4.2 润滑系统的拆装

一、技术标准及要求

(1) 机油泵齿轮的侧隙 0.05~0.10 mm。
(2) 机油泵齿轮与泵体的端隙 0.05~0.10 mm。
(3) 机油泵主动轴与泵体孔的径向间隙 0.03~0.075 mm。

二、操作步骤及工作要点

1. 润滑系统油路的分析

(1) 采用传统的飞溅和压力润滑相结合的方式。
(2) 压力报警开关。机油高压不足,传感器装在机油滤清器座上,机油低压不足,传感器

项目 2　发动机的拆装

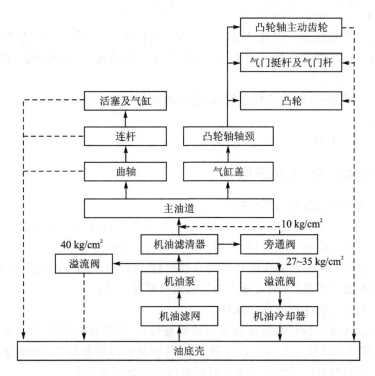

图 2.4-3　丰田发动机(A4-F)润滑油路

装在气缸盖油道的后端。

2. 机油泵的拆装与调整

(1) 检查主、被动齿轮的磨损情况,必要时更换;最好成对更换。

(2) 机油泵盖与齿轮端面间隙:标准为 0.05 mm,使用极限为 0.15 mm。检查时,将钢尺直边紧靠在带齿轮的泵体端面上,将塞尺插入二者之间的缝隙进行测量。若不符,则可以通过增减泵盖与泵体之间的垫片来进行调整。

(3) 主、被动齿轮与泵腔内壁间隙超过 0.3 mm 时应换成新件。

(4) 主、被动齿轮的啮合间隙:用塞尺插入啮合齿间,测量 120°三点齿侧,标准为 0.055 mm,使用极限为 0.20 mm。

(5) 将所有零件清洗干净,按分解的逆顺序进行装配。

2.4.3　注意事项

(1) 正确操作,注意人身及机件安全。

(2) 注意拆装顺序,保持场地整洁及零部件、工具、量具清洁。

任务 2.5　汽油喷射燃料系统的拆装

【任务目标】

(1) 燃油滤清器的拆卸与安装。

(2) 燃油泵、喷油器的拆卸与安装。

【任务描述】

汽油喷射是用喷油器将一定数量和压力的汽油直接喷射到气缸或进气歧管中,与进入的空气混合而形成可燃混合气。其目的是为了提高汽油的雾化质量,改善燃烧,以改善汽油机的性能。

以桑塔纳轿车或 2000 型发动机为例,讲述汽油喷射燃料系统的拆装。

【任务实施】

内容详见 2.5.1 小节～2.5.2 小节。

2.5.1　汽油喷射燃料系统概述

一、汽油喷射系统的发动机的优点

与传统化油器式发动机相比,装有汽油喷射系统的发动机具有下列优点:

(1) 提高了发动机的充气效率,从而增加了发动机的功率和扭矩;

(2) 因进气温度较低而使爆振燃烧得到有效控制,因而可采用较高的压缩比;

(3) 若配以高能点火装置,则可使发动机燃用稀薄混合气;

(4) 发动机的冷启动性和加速性较好;

(5) 可对混合气成分和点火提前角进行精确地控制,使发动机在任何工况下都处于最佳的工作状态,尤其是对过渡工况的动态控制,更是传统化油器式发动机所无法做到的;

(6) 多点汽油喷射系统可使发动机各缸混合气的分配更加均匀;

(7) 节省燃油并减少废气中的有害成分,因为在市区行驶的一些工况中(例如用发动机制动、向前滑行、下坡等),可完全切断燃油的供应。

由于上述原因,采用汽油喷射系统的发动机与传统的化油器式发动机相比,可使发动机的功率提高 5%～10%;同时,油耗降低 5%～10%,有害排放减少 15%～20%,能满足目前最为严格的排放及燃料经济性法规的要求。

二、汽油喷射系统的类型

汽油喷射系统按喷射方式的不同,可分为间歇工作和持续工作式。所谓间歇式喷油是指每个喷射周期都有一个固定的喷射持续期和间歇期,喷油持续期的长短直接控制喷油量的大小。属于间歇式喷油的有:

(1) 带有空气流量测量的电子控制汽油喷射系统(L-Jetronic);

(2) 带有空气质量测量的电子控制汽油喷射系统(LH-Jetronic);

(3) 电子控制中央汽油喷射系统;

(4) 电子控制汽油喷射和点火系统(Motronic)。

所谓持续喷油是指发动机工作时,喷油器持续不断地喷油,这种喷油方式应用于机械控制的汽油喷射系统中。空气流量计将空气流量转换成机械位移,通过比例阀柱塞移动时出油截面积的变化来控制供油量。属于持续式喷油的有:

(1) 带有空气流量测量的机械液压方式工作的汽油喷射系统(K-Jetronic);

(2) 带有空气流量测量的机械-液压-电子汽油喷射系统(KE-Jetronic)。

按喷油器的布置方式可分为以下两种:

➤ 多点汽油喷射系统(MDI)。在每缸进气口处装有一个由电控单元(ECU)控制的电磁喷油器,顺序地进行分缸单独喷射或分组喷射,汽油直接喷射到各缸进气口的前方。

➢ 单点汽油喷射系统(SPI)。在进气道节气门的前方装一个中央喷射装置,用1～2个电磁喷油器集中喷射。汽油喷入进气道后与进气气流混合,形成的可燃混合气由进气歧管分配到各个气缸。单点喷射也可称为中央喷射(CFI)和节气门体喷射(TBI)。

按喷射控制装置的形式不同可分为以下两种:

➢ 机械式汽油喷射系统。汽油的计量是通过机械与液力传动实现的。
➢ 电子控制汽油喷射系统(EFI)。汽油的计量是由电控单元及电磁喷油器实现的。而电控系统根据其控制过程又可分为开环控制式和闭环控制式。

按进气量的检测方式不同可分为以下两种:

➢ 直接测量方式(流量型)。以质量流量方式检测进气量,即用空气流量计直接检测出进气管的空气流量,用测得的空气流量除以发动机的转速而得每一循环的空气量,由此算出每一循环的汽油喷射量。此方法检测精度高,目前使用较为广泛。
➢ 间接测量方式(压力型)。以速度-密度方式检测进气量,即通过压力传感器测出进气管的压力,再根据发动机的转速间接地推算出进气流量,从而确定汽油喷射量。因进气管压力与吸入的空气量间不是简单的线性关系,故此法的检测精度不高。

因机械式汽油喷射系统现已基本不用,故本节主要介绍电子控制汽油喷射系统。

三、上海大众桑塔纳2000型轿车电子控制汽油喷射系统简介

上海大众桑塔纳2000型轿车电子控制汽油喷射系统属于燃油多点喷射、空气间接测量、带有氧传感器的闭环控制形式。其电子控制汽油喷射系统如图2.5-1所示。根据作用不同,整个系统可划分为三个子系统:空气供给系统、燃油供给系统和控制系统。

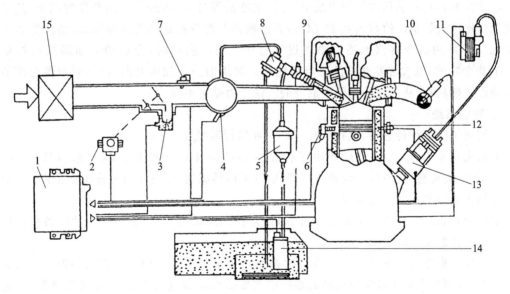

1—电控单元;2—节气门位置传感器;3—急速旁通阀;4—空气压力传感器;5—汽油滤清器;
6—爆振传感器;7—空气温度传感器;8—油压调节器;9—喷油器;10—氧传感器;
11—点火线圈;12—水温传感器;13—分电器;14—电动汽油泵;15—空气滤清器

图2.5-1 上海大众桑塔纳2000型轿车的电子控制汽油喷射系统

1. 空气供给系统

上海大众桑塔纳2000型轿车电子控制汽油喷射系统的空气供给系统是由空气滤清器、节

气门体、稳压箱、进气压力传感器、各缸进气管、空气温度传感器及空气阀等组成的。

空气经空气滤清器滤清后,经节气门体流入稳压箱并分配。怠速时空气经怠速空气阀流入稳压箱并分配给各气缸。图2.5-2所示为空气供给系统路线图。

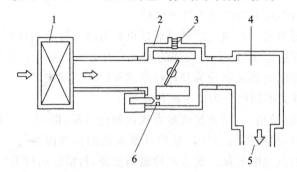

1—空气滤清器;2—节气门体;3—怠速调整螺钉;4—稳压箱;5—进气歧管;6—怠速空气阀

图 2.5-2 空气供给系统路线图

进入发动机气缸内的空气量是由电控单元(ECU)通过计算进气压力传感器处的压力和发动机转速传感器测出的曲轴转速求得。

2. 燃油供给系统

上海大众桑塔纳 2000 型轿车电子控制汽油喷射系统中的燃油供给系统主要由汽油箱、电动汽油泵、汽油滤清器、油压调节器和喷油器等组成。

电动汽油系将汽油从燃料箱中泵出,经汽油滤清器过滤,再经油压调节器的调节,使油路中的油压比进气管负压值高约 0.25 MPa,并经燃油分配管配送给各缸喷油器,喷油器根据电控单元(ECU)的指令将汽油适时喷入进气管中。当冷启动时,冷启动喷油器按电控单元(ECU)指令喷油,以改善发动机低温启动性能。如果油路中油压升高,油压调节器会调节多余汽油返回燃料箱,从而保持送给喷油器的汽油压力基本不变。

3. 控制系统

控制系统由各种传感器、电控单元(ECU)和执行器组成。

上海大众桑塔纳 2000 型轿车电子控制汽油喷射系统中的传感器有水温传感器(见图2.5-1)、氧传感器、节气门位置传感器、空气温度传感器、空气压力传感器及安装于分电器内的爆振传感器和霍尔传感器等。

电控单元(ECU)是汽车上的微型计算机,是控制系统的核心,它根据发动机各种传感器送来的信号控制喷油时刻、喷油量及点火时刻等。

执行器是根据电控单元(ECU)发出的控制指令来完成各种相应动作的装置。上海大众桑塔纳 2000 型轿车电子控制汽油喷射系统中主要执行器有电动燃油泵、电磁喷油器、怠速转速空气阀、点火器等。

发动机工作时,节气门位置传感器检测驾驶员控制的气门开度;空气压力传感器检测进入气缸的空气量。这两个信号作为汽油喷射的主要信息输入电控单元(ECU),由电控单元(ECU)计算喷油量;根据水温传感器、氧传感器、空气温度传感器、爆振传感器等输入的信息电控单元(ECU)对主喷油量进行修正,以确定实际的喷油量;再根据霍尔传感器检测到的曲轴转角信息,电控单元(ECU)确定出最佳的喷油时刻和点火时刻。最后由电控单元(ECU)发出电信号,指令喷油器油和火花塞跳火。

2.5.2 汽油机直喷系统的拆装

一、燃油滤清器的拆装
1. 技术标准及要求
油路油压为 0.2 MPa。
2. 操作步骤及工作要点
(1) 拆下蓄电池负极导线。
(2) 燃油系卸压。
(3) 清除燃油滤清器进、出口端接口处的污物。
(4) 在进出口软管周围缠绕毛巾吸收那些溢出的燃油。
(5) 按下列步骤脱开燃油滤清器出口端上的金属快速连接接头：

当用快速拆卸接头工具 6751 或相当的工具,压下接头管端上的内装释放工具时,将快速连接接头推向燃油管。轻轻扭动接头并将它拉离燃油管。

图 2.5-3 所示为燃油导管的连接方法。燃油滤清器的连接与此类似。

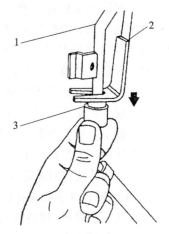

1—燃油导管端；
2—用工具 6751 压下内装释放工具；
3—油管接头

图 2.5-3 燃油导管的连接

(6) 脱开燃油滤清器进口端的塑料快速连接接头。一起压下紧固片并滑动快速连接接头离开燃油管接头,紧固装置仍留在燃油管上。

(7) 盖好两个快速连接接头防止燃油系受污染。
(8) 拆下燃油滤清器支架并拆下滤清器。
(9) 为了正确安装,在滤清器进口端和出口端做好记号。安装滤清器使其进口端对着油箱。将滤清器放在支架上并安装到支架导轨上。拧紧安装螺栓至 12 N·m。

(10) 在燃油滤清器接头上抹一层薄的 30WT 发动机机油,将燃油管装到滤清器上。在快速连接接头上装上新的 O 形圈。

(11) 按下列步骤安装塑料快速连接接头：
① 将快速连接接头推向燃油管直到紧固装置勒到位为止,并可听到"咔哒"声,且一定要通过快速连接装置的窗口检查是否可看到紧固装置锁耳和燃油管肩部。
② 拉回快速连接接头检查连接状况。如该接头锁定到位,则连接是可靠的。

(12) 按下列步骤安装金属快速连接接头：
① 在快速连接接头最大直径位置之下放置专用脱开工具 6751 或相当的工具。
② 将此脱开工具拉向燃油管接头,直到快速连接接头恰好吻合到位为止。
③ 将专用脱开工具置于内装的脱开工具的肩部和快速脱开接头顶部之间,用推下脱开工具的方法检查连接状况。
④ 拉回快速连接接头,检查是否正确连接。燃油管应锁定到位,如连接不完善,在释放位置时一定要使黑色的塑料环不卡住锁定装置。

(13) 安装滤清器盖并重新接上蓄电池负极导线。
(14) 当点火处于 ON 位置时,连接 DRBII 或相当的扫描工具,并接近 ASD 燃油系,对燃油系作加压试验。检查是否泄漏(注意:当采用 ASD 燃油系试验时,ASD 继电器将维持通电 7 min,或直到试验工作结束为止,或到点火钥匙转至 OFF 位置为止)。

二、燃油泵拆卸与安装

(1) 如燃油泵仍在运转,则将燃油排入到一个合格的可携式燃油虹吸箱中,采用 DR-BASD 燃油系试验给燃油泵增能;如燃油泵不增能,则按下列步骤拆卸燃油泵组件并将油箱的燃油排入两个合格的可携式燃油虹吸箱。

(2) 拆下燃油箱滤清器顶盖,使燃油系卸压。

(3) 拆下蓄电池负极导线。

(4) 打开行李箱盖,拆掉行李箱内衬,并检修地板的紧固件。

(5) 拆下检修地板和行李箱底部的衬垫,检查衬垫状况,不符合要求可予以更换。

(6) 从燃油泵组件上脱开电气连接器。

(7) 在加油管和回油管周围缠绕抹布以吸收溢出的燃油。压紧紧固片,从燃油泵组件上拆掉加油和回油管,并小心地将快速连接接头滑动移开燃油管接头。紧固装置保留在燃油管上。

(8) 从压力释放/翻转阀上拆下软管。

(9) 松开带式夹紧装置直到将燃油泵组件从油箱中取出为止。

(10) 在检修时周围放置毛巾以吸收可能溢出的燃油。不卸下燃油泵组件,而是使燃油泵组件向后倾斜,则多余的燃油可向下流到组件的边缘而回到油箱。

(11) 当拆卸组件时油位传感器的浮动臂抓在油箱内部的边上时,将组件向一边倾斜并从油箱中拆出。

(12) 小心地从油箱中拆卸燃油泵组件和衬垫。在维修燃油泵组件前从组件的储存器中排出剩余的燃油。

(13) 燃油泵组件和燃油箱标有对准记号,如图 2.5-4 所示,油箱有两条记号线。燃油泵组件上有一个三角形对准记号。小心地将组件垂直地装入油箱,油箱装有新的衬垫。对准三角形记号,使它正指向油箱上两条记号线之间。

(14) 推组件的顶部使其进入油箱中,保证衬垫不被移动。

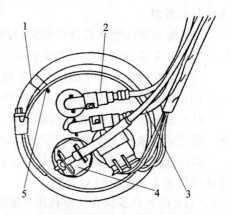

1—油箱对准记号;2—加油管;3—回油管;
4—压力释放/翻转阀;5—对准记号

图 2.5-4 燃油泵组件的对准

(15) 当安装燃油系组件时,在燃油泵组件的边部和油箱的唇部安装并拧紧夹紧器。拧紧夹紧器至 4 N·m。注意不要使夹紧器拧得过紧。

(16) 将燃油管装到组件上的加油和回油管接头上,在燃油管上推动快速连接接头,直到紧固装置锁定到位为止,且听到一种"咔哒"声。一定要通过快速连接接头窗口检查是否能看到紧固装置的锁耳和燃油管肩部。

(17) 拉回快速连接接头检查连接状况。如该接头锁定到位,则连接是可靠的。

(18) 将泄出管重新接到压力释放/翻转阀上。

(19) 将电气连接器重新连接至燃油泵组件。重新连接蓄电池负极导线。

(20) 转动点火钥匙至 ON 位置,但不启动发动机。用 DRBII 或与其相当的扫描工具进行 ASD 燃油系试验。这种试验将启动燃油泵并对燃油系加压,检查是否漏油。

(21) 安装检查口盖和衬垫,拧紧紧固件。
(22) 安装行李厢内衬和燃油箱滤清器顶盖。

三、喷油器拆卸与安装

喷油器拆卸与安装如图 2.5-5 所示。

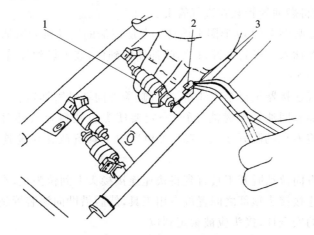

1—喷油器;2—紧固夹;3—燃油导管杯
图 2.5-5 喷油器拆卸与安装

1. 拆装步骤

(1) 拆下蓄电池负极导线。
(2) 燃油系卸压。
(3) 进气管部位有许多电气接头,如需要应做标记。这种标记在装配时有助于节省时间。按下列步骤从进气管上拆下燃油导管:

① 从节气门体上脱开进气增压装置。
② 节气门处于全开位置,从节气门轴上脱开节气门联动装置和车速控制联动装置。压下两边钢缆上的锁定片并从安装支座上拆下拉索。
③ 从废气再循环(EGR)转换器上的电磁线圈和进气管绝对压力(MAP)传感器上脱开电气连接器。
④ 从 PCV 阀和燃油压力调节器上脱开真空软管。脱开位于进气管后方上的制动助力器软管。
⑤ 脱开节气门体排污软管。将电气连接器与节气门位置传感器(TPS)和急速空气控制(IAC)电动机脱开。
⑥ 拆下进气管增压装置(上面的进气管)上的 EGR 阀的安装螺钉,从发动机上拆下进气管增压装置安装螺栓和增压装置。
⑦ 当用专用的快速连接接头工具 6751 或相当的工具压下内装的脱开工具时,在燃油导管上向燃油管方向推动快速拆卸接头。当保持对脱开工具向下施压时,轻轻地扭动该接头,将接头从燃油导管上脱开。
⑧ 在燃油软管周围缠绕毛巾以吸收溢出的燃油,并盖住开口处以免燃油系受污染。
⑨ 从燃油管夹子上拆下紧固螺钉并从支架上脱开燃油管。
⑩ 向发动机中心方向转动喷油器。做标记于电线束,将电线束从燃油喷射器上脱开。

⑪ 拆下燃油导管安装螺栓并将燃油导管垂直地提上来,使其脱离发动机。

(4) 拆下喷油器紧固夹并轻轻地将喷油器从燃料导管上的杯口中拉出来。

(5) 在 O 形圈上涂抹一薄层清洁的发动机润滑油。

(6) 将喷油器装入燃油导管上的杯中,用安装紧固夹紧固。

(7) 按下列步骤将燃油导管装在进气管上:

① 在每支喷油器喷嘴上的 O 形圈上涂抹一薄层清洁的发动机润滑油。

② 将喷油器喷嘴插入进气管的开口处,喷油器装到位,装上燃油导管安装螺栓,拧紧安装螺栓至 22 N·m。

③ 重新连接电气连接器至每个喷油器,向气缸盖方向转动喷油器。

④ 重新连接加油和回油管至燃油导管,一定要使黑色塑料释放环对快速连接接头处于 OUT 位置,将专用的脱开工具 6751 或相当的工具置放在快速连接接头最大直径处上面。

⑤ 沿燃油导管方向拉动脱开工具直到将快速连接接头卡到位为止,在内装的脱开工具的肩部和快速连接接头顶部之间置放专用工具,然后借助向该装置施加轻微向下的力来检查该接头的安全性,接头应被锁定到位。

⑥ 在燃油管上装上夹子并拧紧紧固螺钉。

⑦ 将附有新衬垫的进气增压装置装在进气管上。

⑧ 将附有新衬垫的管装到进气管上。

⑨ 按顺序拧紧进气增压装置安装螺栓,拧紧扭矩为 28 N·m。

⑩ 拧紧 EGR 管安装螺栓。

⑪ 将真空软管重新连接到 PCV 阀和制动助力器。

⑫ 重新连接电气连接器至怠速空气控制阀、EGR 阀、节气门位置和进气歧管绝对压力传感器。

⑬ 将节气门拉索和车速控制拉索装至安装支架,当操纵杆使节气门处于全开位置时重新连接节气门体杠杆。

⑭ 将排污软管重新接至节气门体。将空气增压装置重新接至空气滤清器和节气门体。

(8) 重新连接蓄电池负极导线。

2. 注意事项

(1) 确保所有泄漏的燃油要尽快从发动机表面清除掉。

(2) 在拧松或拧紧燃油管线接头时,要遵照相应的力矩说明,以防过紧使油管扭曲。

任务2.6 柴油机燃料供给系统

【任务目标】

(1) 了解柴油机供给系统的组成。

(2) 熟悉喷油泵的拆装过程。

(3) 掌握柴油机供给系中主要机件的名称、作用和连接关系。

(4) 了解喷油器的工作原理和喷油器的类型。

(5) 熟悉喷油器的拆装过程。

【任务描述】

柴油机使用的燃料是柴油。由于柴油比汽油黏度大,蒸发性差,在柴油机工作时,必须用高压喷射的方法,在压缩行程接近上止点时,将柴油以雾状喷入燃烧室,直接在气缸内部形成可燃混合气,并借助气缸内空气的高温自行着火燃烧。由此可见,柴油机供给系的组成、构造及工作原理与汽油机供给系有着较大的区别。

以玉柴 YC6105QC 柴油机,A 型喷油泵、喷油器手泵试验台、多孔喷油器为例,讲述柴油机燃料供给系统的拆装。

【任务实施】

内容详见 2.6.1 小节~2.6.3 小节。

2.6.1 柴油机燃料供给系统的组成

一般柴油燃料供给系统的组成如图 2.6-1 所示,包括柴油箱、柴油粗滤器、输油泵、柴油细滤器、喷油泵、喷油器及油管等部件。

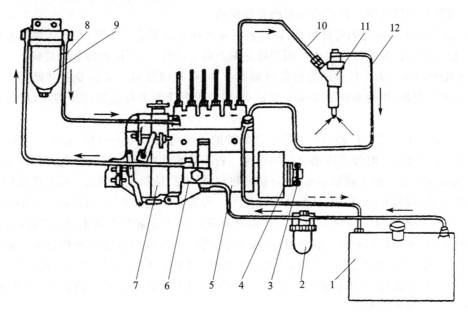

1—柴油箱;2—柴油粗滤器;3—联轴节;4—喷油提前角自动调节器;5—喷油泵;6—输油管;
7—调速器;8—低压油管;9—柴油细滤器;10—高压油管;11—喷油器;12—回油管

图 2.6-1 柴油机燃料供给系统的组成

发动机工作时,输油泵从柴油箱内将油吸出,经柴油粗滤器滤清后,并将柴油压力提高到 0.15~0.30 MPa,再经柴油细滤器除去杂质后送至喷油泵。喷油泵将柴油压力进一步提高 10 MPa 以上,通过高压油管泵入喷油器,喷油器再将柴油以雾状喷入燃烧室并与空气混合后自行着火燃烧。输油系供给的多余柴油以及喷油器顶部回油孔流出的少量柴油,都经回油管流回柴油箱。

除上述燃油供给装置外,柴油机燃烧供给系还包括空气供给系装置、混合气形成装置及废气排出装置。空气供给装置由空气滤清器、进气管和进气道组成,有的还装有空气增压器。混合气形成装置为燃烧室。废气排出装置由排气道、排气管和排气消声器组成。

2.6.2 柴油机喷油泵的拆装

一、技术标准和要求

(1) 凸轮轴的轴向间隙为 0.05～0.10 mm，出油阀压紧座拧紧扭矩为 25～35 N·m。

(2) 玉柴 YC6105QC 柴油机供油齿杆的总行程应大于 17.5 mm。

二、操作步骤及工作要点

以 A 型喷油泵为例（选用玉柴 YC6105QC）：

1. 喷油泵的拆装

(1) 先堵住低压油路进出油口和高压油管接头，防止污物进入油路，用柴油、煤油、汽油或中性金属清洗剂清洗泵体外部。旋下调速器底部的放油螺钉，放尽机油。

(2) 将油泵固定在专用拆装架或自制的 T 形架上，拆下输油泵总成、检视窗盖板、油尺等总成附件及泵体底部螺塞。

(3) 转动凸轮轴，使 1 缸滚轮处于上止点，将滚轮体托板（或销钉）插入调整螺钉与锁紧螺母之间（或挺柱体锁孔中），使滚轮体和凸轮轴脱离。

(4) 拆下调速器后盖固定螺钉，将调整器后壳后移并倾斜适当角度，拨开连接杆上的锁夹或卡销，使供油齿杆和连接杆脱离。用尖嘴钳取下启动弹簧、取下调速器后壳总成。

(5) 用专用扳手固定住供油提前角自动调节器，在喷油泵另一端用专用套筒拆下调速器飞块支座固定螺母，用拉器拉下飞块支座总成，用专用套筒拆下提前器固定螺母，用拉器拉下提前器。

(6) 拆凸轮轴部件：拆卸前应先检查凸轮轴的轴向间隙（0.05～0.10 mm）。将测得值与标准比较，即可在装配时知道应增垫片的厚度。若不需要更换凸轮轴轴承，先测间隙也可减少装配时的反复调整。拆下前轴承盖，收好调整垫片，拆下凸轮轴支撑轴瓦。用木槌从调速器一端敲击凸轮轴，将轴和轴承一起从泵体前端取下。若需要更换轴承，可用拉器拉下轴承。

(7) 将泵体检视窗一侧向上放平。从油底塞孔中装入滚轮挺柱顶持器，顶起滚轮部件，拔出挺柱托板（或销钉），取出滚轮体总成，按上述方法，依次取出各缸滚轮体总成。如果需对滚轮体解体，则应先测量记下其高度，取出柱塞弹簧、弹簧上下座、油量控制套筒，旋出齿杆限位螺钉，取出供油齿杆，旋出出油阀压紧座，用专用工具取出油阀偶件及减容器、出油阀弹簧、柱塞偶件，按顺序放在专用架上。

2. 喷油泵的装配

(1) 装配时应在清洁干净后的零件表面涂上清洁的机油。

(2) 装供油齿杆：将供油齿杆上的定位槽对准泵体侧面上的齿杆限位螺钉孔，装复限位螺钉，检查供油齿杆的运动阻力，当泵体倾斜 45°时，供油齿杆应能靠自重滑动。

(3) 装柱塞套筒：柱塞套筒从泵体上方装入座孔中，其定位槽应恰好卡在定位销上，保证柱塞套完全到位。注意柱塞套筒须彻底清理，防止杂物卡在接触面间，造成柱塞套筒偏斜和接触面不密封。

(4) 将出油阀偶件、密封垫圈、出油阀弹簧、减容器体和出油阀压紧座依次装入泵体。必须注意出油阀座与柱塞套上端面之间的清洁，并保证密封垫圈完好。用 35 N·m 的扭矩拧紧出油阀压紧座，过紧会引起泵体开裂、柱塞咬死及齿杆阻滞、柱塞套变形，加剧柱塞副磨损。装配后应检查喷油泵的密封性。

(5) 装复供油齿圈和油量控制套筒：油量控制套筒通过齿圈凸耳上的夹紧螺钉和齿圈固定成一体，两者不能相对转动。一般零件上有装配记号，没有记号时应使齿圈的固定凸耳处在油量控制套筒两孔之间居中位置。确定供油齿杆中间位置。将供油齿杆上的记号（刻线或冲点）与泵体端面对齐，或与齿圈上的记号对齐。如果齿杆上无记号，则应使供油齿杆前端面伸出泵体前端面达到说明书规定的距离。装上齿圈和油量控制套筒。左右拉动供油齿杆到极限位置时，齿圈上凸耳的摆动角度应大致相等，并检查供油齿杆的总行程。

(6) 装入柱塞弹簧上座及柱塞弹簧，将柱塞装入对应的柱塞套，再装上下弹簧座。注意柱塞下端十字凸缘上有记号的一侧应朝向检视窗。下弹簧有正反之分不能装反。

(7) 装复滚轮挺柱体，调整滚轮挺柱体调整螺钉，达到说明书规定高度或拆下时记下的高度。将滚轮体装入座孔，导向销必须嵌入座孔的导向槽内。用力推压滚轮体或用滚轮顶持器和滚轮挺柱托板，支起滚轮挺柱。逐缸装复各滚轮体。每装复一个都要拉动供油齿杆，检查供油齿杆的阻力。

(8) 装复凸轮轴和中间支撑轴瓦，装上调速器壳和前轴承盖。注意凸轮轴的安装方向，无安装标记时也可根据输出泵驱动凸轮位置确定安装方向。凸轮轴的中间支承应与凸轮轴一起装入泵体，否则凸轮轴装复后就无法装上中间支承。

喷油泵凸轮轴装到泵体内应有确定的轴向位置和适当的轴向间隙。凸轮轴装复后，应转动灵活，轴向间隙在 0.05～0.10 mm 范围内；装复供油提前角自动调节器，转动凸轮轴，取下各滚轮体托板。拉动供油齿杆，阻力应小于 15 N，否则应查明原因，予以排除。

(9) 装复输出泵、调速器总成等附件。

三、注意事项

(1) 喷油泵拆卸后的零件应按原装配关系放置在清洁的工作台上，精密偶件要放在单独器皿内，用滤清过的轻柴油清洗或存放。

(2) 进行清洗后用压缩空气吹干。柱塞偶件表面上刻有配偶编号及标记，不得错乱，必要时要补印识别标记。

2.6.3 喷油器的拆装

一、技术标准和要求

针阀、针阀体螺母的拧紧力矩为 60～80 N·m，紧固压板螺母行紧力矩为 22～28 N·m。

二、操作步骤及工作要点

1. 喷油器的拆装

(1) 喷油器的固定方式有压板固定、空心螺套固定和利用自身的凸缘固定三种。压板固定式喷油器在缸盖上正确的安装位置靠压板定位销固定。拆卸时首先拆下高压油管和固定螺母，然后用木槌振松喷油器，取出总成，视需要可用专用拉器拉出。

(2) 从发动机上拆下喷油器总成后，应先清洗外部，然后逐一在喷油器手泵试验台上进行检验，检查喷油初始压力、喷雾质量和漏油情况，如质量良好就不必解体。

(3) 分解时先分解喷油器的上部，旋松调压螺钉紧固螺帽，取出调压螺钉、调压弹簧和顶杆，将喷油器倒夹在台钳上，旋下针阀和针阀体紧固螺帽，取下针阀体和针阀。

(4) 针阀偶件应成对浸泡在清洁的柴油里。如果针阀体难以分开，可用钳子垫上橡胶片夹住针阀尾端拉出。

2. 喷油器零件的清洗

(1) 用钢丝刷洗清理零件表面的积炭和脏物,喷油器体和阀体的油道可用通针或直径适当的钻头(Φ 0.7 mm)疏通。

(2) 针阀体偶件应单独清洗。零件表面积垢的褐色物质可用乙醇或丙酮等有机溶剂浸泡后再仔细擦除。最后将喷油器偶件放在柴油中来回拉动针阀清洗。堵塞的喷孔用直径 0.3 mm 的通针清理,清理时注意避免损伤喷孔。

(3) 清洗过的零件,用压缩空气吹去孔道中遗留的杂质,最后用汽油浸洗吹干备用。

3. 喷油器的装配

(1) 将针阀、针阀体、紧固螺母装到喷油器体上,螺母的拧紧力矩 60~80 N·m。

(2) 从喷油器体上部装入顶杆、调压弹簧、调压螺钉、拧上调压螺钉紧固螺帽。

(3) 安装进油管接头,总成调试完毕后,安装护帽。

4. 喷油器在发动机上安装

(1) 安装到气缸盖上的喷油器应检查喷油器伸出气缸盖底面的高度,玉柴 YC6105QC 为 3.5~3.7 mm。安装高度不符合规定时,可拆下锥形垫圈,在喷油器紧固螺套与锥形垫圈体之间加垫片调整,或更换锥形垫圈。

(2) 锥形垫圈与气缸盖安装孔接触不严密时,可拆下锥形垫圈,加热后冷却减小其硬度再安装。安装前用专用铰刀清除座孔内的积炭、污垢。

(3) 喷油器体上的定位销(或定位块)安装时要嵌入座孔的定位槽内。紧固压板螺母拧紧力矩 22~28 N·m。压板的圆弧状凸起面应朝向喷油器凸肩,以保证压紧力与喷油器轴线在同一平面内,有利于密封。

三、注意事项

(1) 分解过程中应注意保护针阀的精加工表面。

(2) 在分解后,喷油器垫片应与原配喷油器体放置在一起保存好,喷油与座孔间的锥形垫圈也应与原喷油器体放置在一起,装配时注意针阀体和定位销钉对准。

(3) 喷油器零件经清洗吹干检验合格后,必须在高度清洁的场所进行装配。

任务 2.7 发动机的总装

【任务目标】

(1) 掌握保证发动机装合质量的基本条件与要求,熟悉装配技术标准与注意事项。

(2) 掌握发动机总装工艺过程及装配方法,正确装配发动机,熟练使用机工具与量具。

【任务描述】

发动机的总装包括组合件装配与总成装配两部分,以缸体为装配基础,由内向外装合。

以桑塔纳汽车发动机为例,讲述发动机的总装。

【任务实施】

内容详见 2.7.1 小节和 2.7.2 小节。

2.7.1 技术标准及要求

保证装合质量的基本条件是,严格按照下列要求进行装合作业:

(1) 确保清洗质量。严格按照规定的清洗液剂与清洗方法进行零部件的清洁作业。
(2) 装前复检。装合前应再次复检各零部件和总成的技术状态,及时消除零件的隐患。
(3) 按照技术要求更换全部不允许继续使用的零件及其他属于一次性使用的隐患。
(4) 确保装配位置正确。具有装配位置要求的零部件必须严格按照装配标记进行装配。
(5) 各部位螺栓、螺母必须按照规定的拧紧力矩与紧固方式进行紧固,并按规定涂防松剂。
(6) 按照规定选用相应的润滑油脂进行装前预润滑。
(7) 各部位装配间隙及有装配技术要求的部位必须符合技术标准,并确保锁止质量。
(8) 正确使用工具,不得损伤零件的装配表面及基准表面。

2.7.2 操作步骤及工作要点

一、曲轴的安装

(1) 将经检验合格的气缸体倒置于工作台架上。
(2) 装合正时齿轮与止推垫片(注意方位)。正时齿轮与轴颈为过渡配合、键连接。
(3) 曲轴主轴承的安装:

① 主轴承涂以润滑油,按规定技术要求进行装合。

② 装上主轴以后,按顺序装好主轴承盖,旋上主轴承盖螺栓,按2、4与1、3、5顺序拧紧各道主轴承盖螺栓(力矩65 N·m)。注意:应边拧紧边转动曲轴,拧紧后,转动曲轴应灵活无阻涩感。

③ 装合前、后曲轴密封法兰。用专用工具将曲轴前、后油封压入前、后法兰上(若不用专用工具,不能保证油封垂直压入)。油封刃口向内并涂以润滑油(防止损坏刃口),密封衬垫应涂以密封胶,并确保各密封端面清洁、平整。在曲轴两端装上导套,可防止损伤油封刃口。装好前、后密封法兰,旋紧螺栓(力矩M8为20 N·m,M10为10 N·m)。

④ 安装曲轴后端滚针轴承。滚针轴承印有标记的一面朝外,用专用工具压入。压入后应低于曲轴后端面1.5 mm。

⑤ 安装飞轮:装上飞轮后,其紧固螺栓上应涂防松胶,按对角线分2~3次旋紧(力矩75 N·m)。注意:飞轮齿轮上的标记"0"必须与1缸连杆轴颈在同一方向上。

二、活塞连杆组的安装

1. 活塞连杆组的组装

注意,装配标记应朝向曲轴皮带轮。

(1) 安装活塞销:将活塞用水加热至60~80 ℃,把涂有润滑油的活塞销推入销孔,用尖嘴钳装上活塞挡圈,使挡圈的开口与活塞销孔上的缺口错开一个角度。

(2) 检查活塞连杆安装的正确性,即活塞顶与曲轴线的平行度。将其装在检验芯棒上,用直尺和塞尺在检验平板上检验(平板垂直于芯棒),超过使用极限0.005 mm则重新装配。

(3) 检查偏缸:侧置缸体,将未装活塞环的活塞连杆组装入相应气缸,按规定力矩拧紧连杆螺母。先检查连杆小端两侧与活塞销座孔端面之间的距离,一般不小于1 mm。若小于1 mm,则表明气缸中心线产生偏移。再转动曲轴,检查活塞在上、下止点和中间位置时的间隙,若间隙差大于0.10 mm,则表明活塞偏缸。应查明原因予以校正。

(4) 安装活塞环:活塞环标记有"TOP"的一面朝上,用活塞环钳将其按顺序装入活塞环槽中,开口位置互错120°。注意:气环第1道厚1.5 mm,第2道厚1.75 mm,油环厚3 mm。

2. 活塞连杆组与曲轴的装合

(1) 按缸号标记及方向标记将活塞装入相应气缸内,并在活塞裙部或气缸壁上涂以润滑油(包括活塞环与槽),将各活塞连杆组装入气缸内,装毕应再次检查装配标记是否正确。

(2) 连杆轴瓦与连杆螺栓的装配:在连杆上装好连杆轴瓦,连杆轴瓦上的定位凸起应与相应的凹槽对正。注意:不同型号的发动机,其连杆螺栓亦不相同,不可随意使用。没有重复使用标记的螺栓一经拆卸则不得再用。

(3) 连杆与曲轴连杆轴颈的装合:将连杆、连杆轴承盖与连杆轴颈装合,旋上连杆螺母,在螺纹表面和支承接触表面涂以润滑油,按规定力矩拧紧(30 N·m)。每装一道连杆轴承即转动曲轴,应转动灵活无阻滞感。同时,检查连杆大端与曲轴的侧隙,使用极限为 0.37 mm;否则,应查明原因予以排除。

三、中间轴的安装

将中间轴涂以润滑油,从前向后装在气缸体上,旋紧螺栓。用百分表检查中间轴轴向间隙(使用极限为 0.25 mm),可改变垫圈的厚度及数量进行调整。调毕旋紧螺栓(力矩 25 N·m)。然后装上半圆键、惰轮、垫圈,旋紧螺栓(力矩 80 N·m)。

四、气门组的装配

1. 压装气门导管油封

在气门杆端装以塑料套(保护油封,必须使用),将导管油封涂好润滑油装入专用工具内,小心地推入导管。

2. 装合气门组件

依次装上气门、气门弹簧下座、弹簧、弹簧上座。用专用工具压下气门弹簧上座,装入气门锁片。取下专用工具后,用木槌敲击各气门杆头部,使锁片与气门杆上的槽配合严密。

3. 安装推杆

(1) 机械式推杆:推杆缺口朝向进气歧管一方,涂上润滑油脂放入已标记的相对应的推杆孔内,不得装错。

(2) 液压推杆:装前涂以润滑油,并检查进排气门杆头与缸盖上端面的距离。注意:机械式或液压推杆与推杆孔配合间隙必须符合技术标准(标准值为 0.03~0.07 mm,使用极限为 0.12 mm),与凸轮接触部位出现明显磨损必须更换。液压推杆不可拆卸,必须整套更换,放置时工作面必须朝下,以免机油流失。

4. 安装凸轮轴

(1) 检查各轴承盖装配位置标记(不可错装),并涂以润滑油。

(2) 使1缸凸轮朝上(不压迫气门杆)装上凸轮轴。先装上第2、第5道轴承盖并以 20 N·m 力矩对角线交替拧紧轴承盖紧固螺栓,再装第1、第3道轴承盖,最后装上第4道轴承盖,并交替拧紧(力矩 20 N·m)。

(3) 安装凸轮轴油封:油封刃口向内,涂以润滑油,使用导套及压具将油封压入,但油封不得压入过量(易堵塞回油孔),稍低于缸盖表面即可。

(4) 安装半圆键和凸轮轴正时齿轮,再装上垫圈和轴头螺栓(拧紧力矩 80 N·m)。

五、气缸盖的安装

先安装气缸盖垫,标记"OPEN"朝上,再转动曲轴使各缸活塞均不在上止点位置(以防与气门相碰),利用导向工具(装在缸体螺纹孔中)装上气缸盖、旋上缸盖螺栓。按拧紧顺序分

4次拧紧,依次为40 N·m、60 N·m、75 N·m,旋转90°。

六、正时齿形皮带轮的安装

安装曲轴正时齿轮、正时齿带,并检查齿形皮带松紧度。

七、气门室罩的安装

在气缸盖上装上导油板,衬垫上涂以密封胶,将气门室罩盖和加强板一同装上,旋紧罩盖紧固螺栓(力矩10 N·m)。

八、齿形皮带罩的安装及发动机皮带的调整

(1) 将衬条涂上密封胶,与齿形皮带上、下罩装在发动机上,旋紧固定螺栓和螺母(力矩10 N·m),装上曲轴皮带轮,旋紧皮带盘固定螺栓(力矩20 N·m),装上三角皮带。

(2) 旋松发动机支架及吊耳的固定螺栓,旋松调整螺母固定螺栓,转动调整螺母使三角皮带张紧,螺母旋转力矩为8 N·m,旧皮带4 N·m。用拇指压下皮带检查最大挠度,新皮带为2 mm,旧皮带为5 mm。若合适,则旋紧调整螺母固定螺栓(力矩35 N·m)及发电机支架和吊耳固定螺栓(力矩20 N·m)。

九、机油泵与分电器的安装

(1) 安装机油泵:在缸体上装机油泵主动轴上支承套,将组装好的机油泵装上,使机油泵主动轴下支承定位套进入气缸体,旋紧固定螺栓(力矩20 N·m)。使机油泵主动端的扁舌与曲轴线保持平行位置。

(2) 转动曲轴由飞轮观察孔见到标记"0"与飞轮观察孔上的箭头对准,这时1缸活塞位于压缩上止点。使分电器分火头上的标记与分电器壳上的标记对准后,把分电器装在气缸体上,同时使分电器轴下端凹槽与机油泵端的扁舌对正。这时装上压板,旋紧固定螺栓(力矩25 N·m)。火花塞拧紧力矩为25 N·m。

(3) 再次转动曲轴(两整圈),复查飞轮标记与观察孔处标记是否对正,以确定分电器安装位置是否正确无误。

十、油底壳的安装及新机油的加注

(1) 安装油底壳:清洗油底壳和气缸体的结合表面,装上新衬垫(不要进行粘接),对称均匀旋紧油底壳固定螺栓(力矩30 N·m)。

(2) 加注新机油:规定使用API-SE或SE级优质多标号机油SAE15W40。

十一、进、排气歧管的安装

换装新衬垫,旋紧进气歧管固定螺栓(力矩25 N·m),装上O形密封圈、密封垫、进气歧管预热器,旋紧固定螺栓(力矩10 N·m)。旋紧排气歧管固定螺栓(力矩30 N·m)。

十二、离合器的安装

(1) 从动盘的安装。将从动盘装在飞轮上,并以定心棒定位(便于从动盘与变速器第一轴装合时对中),从动盘减震弹簧突出的一面朝外。然后安装压板,按规定顺序旋紧固定螺栓(力矩25 N·m)。

(2) 压入分离叉轴衬套。用专用工具将分离叉轴衬套压入壳体(另一衬套压在分离叉套座孔内)。再安装分离叉轴及导向套,旋紧固定螺栓(力矩15 N·m)。装毕检查分离叉轴,应转动灵活,不能有左右移动。

(3) 将分离轴承用专用工具压入轴承座中,并对分离轴承进行润滑。涂上二硫化钼锂基润滑脂(制造厂要求使用白色ET-NV,ADS12600005号润滑脂),不得多涂,以免污染从动

盘。再装上支撑弹簧、支撑夹板和回位弹簧。防尘套装在分离叉轴左端,保持距离 18 cm,再装上挡圈。

(4) 装好分离杠杆,使其位置在回位弹簧起作用的条件下,距离合器钢索固定螺母架的距离为 (200 ± 5) mm,再旋紧螺栓(力矩 25 N·m)。

十三、发电机的安装

(1) 旋紧发电机支架固定螺栓(力矩 30 N·m)及发电机固定螺栓(力矩 20 N·m)。

(2) 检查发电机皮带挠度。在发电机皮带盘和曲轴皮带盘之间,用拇指以 98 N 的力按下皮带时,其挠度应是 8~12 mm(新皮带为 5~7 mm)。注意:装皮带时,应用木棒在发电机前盖处用力撬动,不允许在后盖处撬动,以防因后盖变形而压坏元件。

十四、电器及其他附件的安装

安装机油滤清器、水泵、曲轴箱通风装置、汽油泵、化油器、空气滤清器、启动机、供油系、润滑系、冷却系等外部附件以及导管、传感器和散热器等。

【项目评定】

为了解学生此项目的掌握情况,可通过表 2-1 对学生的理论知识和实际动手能力进行定量的评估。

表 2-1 项目评定表

序 号	考核内容	规定分	评分标准
1	正确使用工具、仪器	10 分	工具使用不当扣 10 分
2	正确的拆装顺序	40 分	拆装顺序错误酌情扣分
	零件摆放整齐		摆放不整齐扣 5 分
	能够清楚各个零件的工作原理		叙述不出零件的工作原理扣 5 分
3	正确组装	30 分	组装顺序错误酌情扣分
4	组装后能正常工作	10 分	不能工作扣 10 分
			能部分工作扣 5 分
5	整理工具,清理现场	10 分	每项 2 分,扣完为止
	安全用电、防火、无人身、设备事故		如不按规定执行,本项目按 0 分计
6	分数合计	100 分	

习 题

(1) 简述发动机机体拆装步骤。

(2) 简述活塞连杆组的拆卸步骤。

(3) 简述活塞连杆组的检验。

(4) 简述曲轴飞轮组的拆卸与装配步骤。

(5) 简述配气机构的作用及组成。

(6) 简述气缸盖的拆卸顺序。

(7) 简述气缸盖螺栓的拆装注意事项。

(8) 简述凸轮轴的拆装顺序。

(9) 简述冷却系水泵的拆装。

(10) 简述润滑系机油泵的拆装与调整。

(11) 简述柴油机 A 型喷油泵的拆装。

项目 3　发动机的调试

【项目要求】
(1) 掌握气门间隙调整的原则和方法。
(2) 能够对可调气门间隙进行熟练调整。
(3) 掌握冷却系统的拆装和主要部件的调试方法。
(4) 掌握主要机件的拆装要领和调整方法。

【项目解析】
在日常使用汽车过程中,最常见的问题就是气门间隙的变化、冷却系、润滑系出现故障,而这些问题相对发动机其他部位的故障来讲调试起来要简单一些。通过此项目,能对这些部位进行正确、快速的检查,并掌握常见故障的调试方法。

任务 3.1　发动机冷却系统的调试

【任务目标】
(1) 了解水冷系统的组成和工作过程。
(2) 了解冷却系统主要机件的结构及安装关系。
(3) 掌握水泵的拆装要领。

【任务描述】
发动机在工作时,由于燃料的燃烧以及运动零件间的摩擦产生大量热量,使零件强烈受热,特别是直接与燃烧气体接触的零件温度很高。如果没有适当的冷却,将不能保证发动机的正常工作。冷却系的作用就是维持发动机在最适宜的温度下工作。

以桑塔纳、克莱斯勒冷却系统为例,讲述发动机冷却系统的调试。

【任务实施】
内容详见 3.1.1 小节～3.1.3 小节。

3.1.1　桑塔纳冷却系统拆装

桑塔纳轿车的发动机冷却系统为闭式、水冷、带膨胀水箱的冷却系统,风扇为电动风扇。发动机的冷却主要靠汽车向前行驶产生的风来实现。其冷却系主要由散热器、水泵、节温器、热敏开关、直流电动风扇和上、下水管组成。

一、冷却液的排放与补充

将仪表板的暖风开关拨至右端,将暖风控制阀全开;拧下冷却液膨胀水箱盖(必须在冷态时排液,热机时不能操作);松开水管的卡箍,拉出冷却液软管,放出冷却液,用容器收集,以便今后使用。注意:冷却液有毒,操作时要小心。

二、节温器的检查

节温器为蜡式节温器。检查节温器的功能是否正常,可将节温器置于热水中。观察温度变化时,节温器的动作温度为(87±2)℃开始打开,温度达(102±3)℃时,其升程大于7 mm。

三、V形带的张紧

因为交流发电机及水泵是用V带传动的,使用一段时间后,由于传动带磨损或其他原因,传动带的张紧程度变松,影响传动效率,降低传动件的使用寿命。一般用拇指按压传动带进行试验,具体方法如表3-1所列。

表3-1 V形带张紧度的检查

V带检查部位	传动带的压入深度
交流发电机处	新带2 mm,旧带约5 mm
水泵处	约10 mm

3.1.2 克莱斯勒冷却系统的拆卸、安装

一、散热器的拆卸与安装

1. 拆 卸

有些汽车采用的是横流式(水平式)散热器,同时还采用塑料水箱。这种水箱比铜水箱强度高,能经受像扳手掉落这样的冲击。

(1) 断开蓄电池负极导线。

(2) 待发动机及冷却系统冷却,排放出冷却液。

(3) 从散热器上卸下上部管路和膨胀水箱的管路。

(4) 卸下冷却风扇。

(5) 抬起车身并牢固地支撑住,从散热器上卸下下部管路。

(6) 卸下固定支架,抬出散热器。注意不要损坏散热片。

2. 安 装

(1) 检查散热器管路,看有否硬化、裂纹、膨胀变形或流动不畅的迹象。若有,就要更换。维修时,小心不要损坏散热器的进水口和出水口。布置好散热器管路。接口处大部分采用弹簧式管卡,如果要更换,应采用原来式样的弹簧卡。

(2) 将散热器落座进入原位。

(3) 安装固定支架,连接下部管路。

(4) 安装电动冷却风扇。

(5) 连接上部管路及膨胀水箱管路。

(6) 加注冷却液。

(7) 连接蓄电池负极导线。启动汽车待节温器开通,将散热器加满,再检查自动变速器驱动桥冷却液液位。

(8) 待汽车冷却后,再检查冷却液液位。

二、2.2 L和2.5 L发动机水泵拆卸与安装

1. 拆 卸

(1) 断开蓄电池负极导线。

(2) 放出冷却系统中的冷却液。

(3) 如果装备有空调系统,从支架上拆下压缩机放在别处。

(4) 从发动机上拆下发电机及支架,卸下水泵传动带和带轮。

(5) 从水泵上卸下散热器软管和加热器软管。

(6) 拆卸水泵壳体与车身的连接螺栓,卸下水泵,卸下O形密封圈。对2.2 L增压Ⅲ型发

动机,在泵壳与机体间的下部螺栓上装有防止冷却液渗漏的垫片,如图 3.1-1 所示。

注意:在拆下防止冷却液渗漏的垫片时要加倍小心,以便继续使用。

(7) 从壳体上卸下水泵。

2. 安 装

(1) 使用新的垫片或硅酮树脂密封件,把水泵装到壳体上。

(2) 对 2.2 L 增压Ⅲ型发动机,把防止冷却液渗漏的垫片装在机体上,把垫片装在下部螺栓上,用新的 O 形圈装在壳体上后装在发动机上,上部的紧固螺栓用 30 N·m 力矩拧紧,下部的螺栓用 68 N·m 的力矩拧紧。

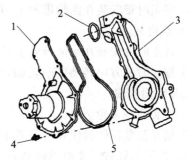

1—水泵;2—壳体与泵体间的 O 形密封圈
3—壳体;4—螺栓;5—垫片(壳体与泵体间)

图 3.1-1　2.2 L 和 2.5 L 发动机的水泵组合件

(3) 安装水泵带轮,力矩为 30 N·m。连接散热器、加热器与水泵间的软管。

(4) 把发动机和压缩机支架装到发动机上,安装发电机和空调压缩机,调整辅助传动带。

(5) 卸下节温器壳体上部的六方螺塞,把冷却液加进散热器,直到冷却液从螺塞口溢出。装上螺塞并继续把冷却液加进散热器。

(6) 连接蓄电池负极导线,使发动机运行,直到使节温器打开,加满散热器,检查是否渗漏。

(7) 关闭发动机,再检查冷却液,需要时继续加注。

三、3.0 L 发动机水泵拆卸与安装

3.0 L 的水泵与发动机机体间用垫片作为密封件由螺栓直接装在发动机机体上。水泵不能修理,但可作为一体维护。水泵由正时带驱动,要对水泵维护,就必须卸下正时带。正时带的维护要注意标记正时符号的配合,否则发动机就会严重被损坏。水泵无需拆下空调系统就可以更换。

1. 拆 卸

(1) 断开蓄电池负极导线。

(2) 放出冷却系统中的冷却液。

(3) 卸下正时盖,如果继续使用相同的正时带,则需记下正时带的旋转方向,以便与安装时的方向一致。确定发动机的位置,以使发动机第 1 缸在压缩行程的上止点时的正时标记与发动机的正时标记指示器相一致。

(4) 松开正时带张紧力调节器的螺栓,卸掉正时带。使调节器尽可能地远离发动机的中心,拧紧螺栓。卸下水泵固定螺栓,将水泵从进水管分离,从发动机机体上卸下水泵。

2. 安 装

(1) 检查水泵,如果有任何损坏或者泵体破碎、叶轮与泵的内部摩擦过大的松动、轴承运转不平稳,均要更换水泵。如果轴密封圈渗漏冷却液,由冷却液通气孔可以明显发现,水泵应当更换。

(2) 清洁水泵上所有的垫片和 O 形圈表面以及入口的水管,在进水管上安装新的 O 形圈。可用水打湿 O 形圈(不要用油脂)以利于安装。

(3) 使用新垫片把水泵安装到发动机上,紧固螺栓的拧紧力矩为 27 N·m。

(4) 调整两根凸轮轴的位置与发电机支架上(后端)和正时盖内(前端)的正时符号相一致。

(5) 将正时带安装在曲轴带轮上,并保持正时带的张紧度(向右调整)。把正时带安装在前凸轮轴带轮上。

(6) 将正时带安装在水泵带轮上,接着将正时带装在后凸轮轴带轮和张紧器上。

(7) 按逆时针方向转动前凸轮轴,张紧前凸轮轴与曲轴间的正时带。如果正时标记不一致,则重复前面步骤。

(8) 安装曲轴带轮法兰。

(9) 松开张紧器螺栓使弹簧张紧正时带。

(10) 按顺时针方向使曲轴转动满两周,仅当正时标记一致时,再紧固张紧器螺栓,紧固的力矩为 29 N·m。

(11) 再向冷却系统加冷却液。冷却系统采用的是自排气节温器,因此无需使系统排气。连接蓄电池负极导线,路试车辆,检查渗漏。

四、节温器的拆卸与安装

图 3.1-2 所示为 2.2 L 和 2.5 L 发动机的节温器设置在发动机的前部(散热器附近)。

图 3.1-3 所示为 3.0 L 发动机的节温器设置在水箱入水管正时带的端点处。这种节温器具有排气阀,排气阀位于节温器法兰处。

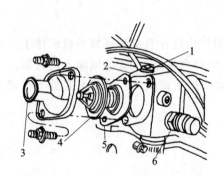
1—螺塞;2—水箱;3—节温器壳体;4—节温器;
5—垫片;6—冷却液温度传感器

图 3.1-2 2.2 L 和 2.5 L 发动机节温器、壳体和水箱

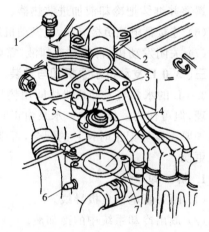
1—螺塞;2—壳体;3—垫片;4—节温器;
5—排气阀;6—温度测量传感器;7—水箱

图 3.1-3 3.0 L 发动机节温器、壳体和水箱

1. 拆 卸

(1) 断开蓄电池负极导线,放出冷却液。

(2) 拆下节温器罩。

(3) 拆下节温器,卸下垫片。

2. 安 装

(1) 认真清洁所有零件,尤其是外壳结合表面,保持拧紧冷却套的螺栓不能生锈或损坏,清洗螺栓,以防损坏发动机上的螺孔。用冷却液涂抹垫片后,装上垫片。

(2) 把节温器安装在壳体内,把壳体与发动机上的位置对准,对 2.2 L 和 2.5 L 发动机拧紧螺栓拧紧到 40 N·m,对 3.0 L 发动机拧紧螺栓拧紧到 20 N·m。

(3) 添加冷却液到合适的量。

（4）对 2.2 L 和 2.5 L 发动机，拆去节温器壳上部的螺塞。对 2.2 L 增压Ⅲ型发动机，拆去壳体上的冷却液温度传感器。向散热器加注冷却液，加到从孔口溢出为止。安装螺塞或传感器后，继续往散热器中加注冷却液。3.0 L 发动机的节温器是自排气。

（5）连接蓄电池负极导线。去掉散热器盖，车辆运转到使节温器打开，尽可能向散热器添加冷却液，观察冷却液温度传感器（如果安装）输出信号。如果不正常，那么就是冷却系统的其他部件有问题。检查滴漏。安装散热器盖。

（6）关掉发动机使其冷却。待机体冷却后，再检查散热器和溢流箱的冷却液量。

3.1.3 LS400 冷却系统的拆装

冷却系统冷却液的循环路线及拆装时所需拆装的零部件：

UCF10 系列的发动机冷却液循环路线如图 3.1-4 所示。冷却系统拆、装时所需拆、装的零部件如图 3.1-5(a)～(d)所示。

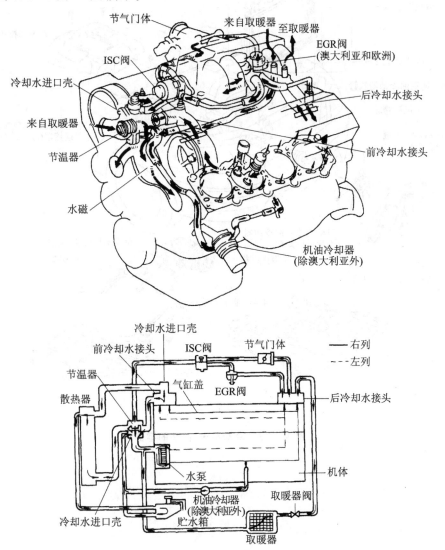

图 3.1-4 UCF10 系列发动机冷却液循环路线

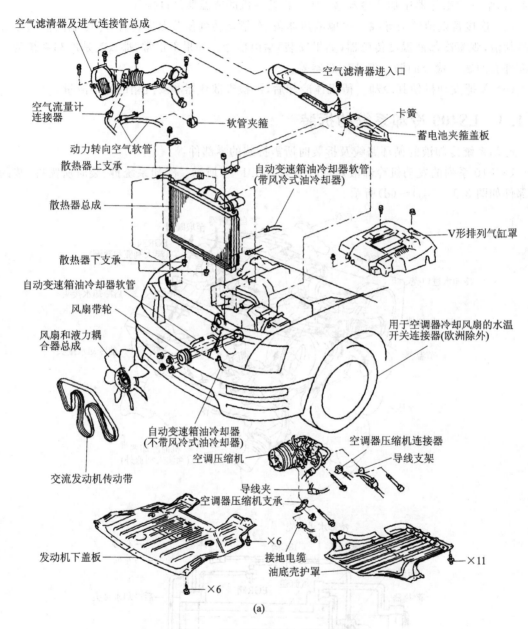

图 3.1-5 冷却系统拆、装的零部件

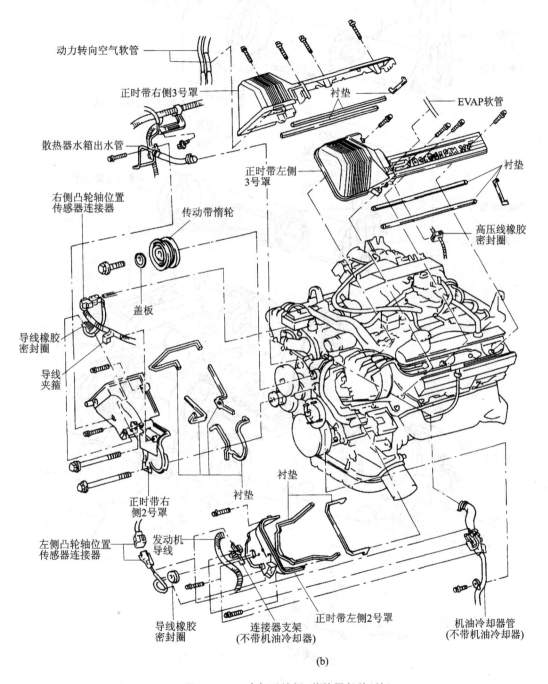

图 3.1-5 冷却系统拆、装的零部件(续)

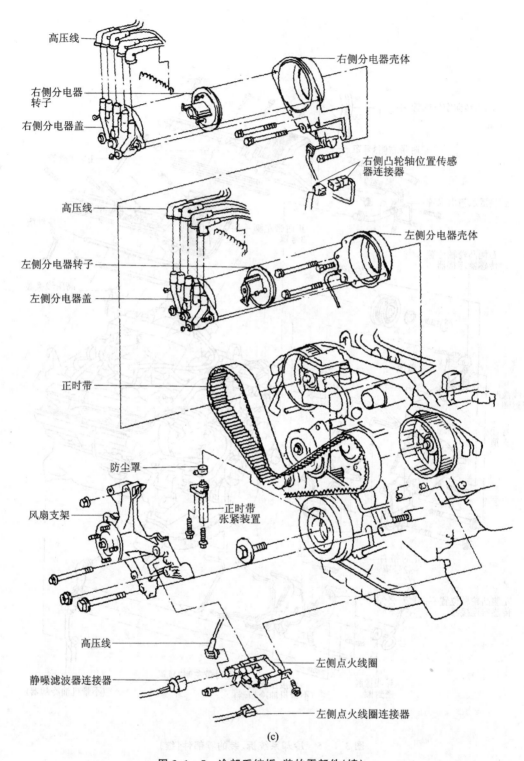

(c)

图 3.1-5 冷却系统拆、装的零部件(续)

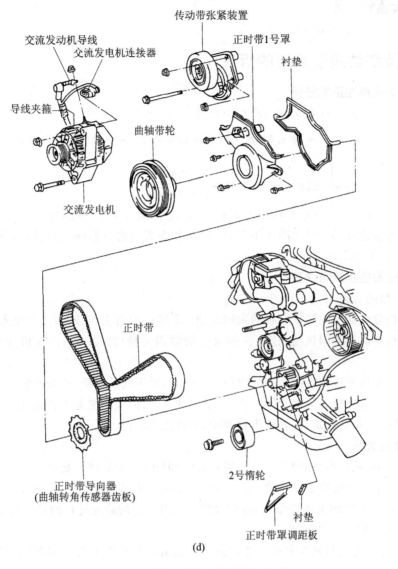

(d)

图 3.1-5　冷却系统拆、装的零部件(续)

任务 3.2　润滑系统的调试

【任务目标】

(1) 通过润滑系统主要机件的拆装,了解其结构与零件名称,熟悉工作原理。
(2) 掌握主要机件的拆装要领和调整方法。

【任务描述】

润滑系统将润滑油输送到发动机中具有相对运动的全部零件上,润滑零件的摩擦表面,减少动力的消耗和零件的磨损。它工作得好坏直接影响发动机的性能和使用寿命。

以桑塔纳和克莱斯勒发动机、LS400 发动机台架为例,讲述润滑系的调试。

【任务实施】
内容详见 3.2.1 小节～3.2.3 小节。

3.2.1 桑塔纳润滑系统的拆装

一、润滑系统油路的分析

(1) 采用传统的飞溅和压力润滑相结合的方式：

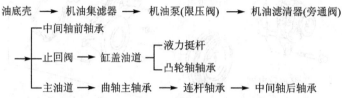

(2) 压力报警开关。机油高压不足，传感器装在机油滤清器座上；机油低压不足，传感器装在气缸盖油道的后端。

二、机油泵的拆装与调整

1. 机油泵的拆卸

(1) 旋松分电器轴向限位压板的紧固螺栓(25 N·m)拆去压板，拔出分电器总成。

(2) 旋松并拆卸紧固机油泵盖、机油泵体的紧固螺栓(25 N·m)，将机油吸油部件一起拆下。

(3) 拧松并拆下吸油管组紧固螺栓(10 N·m)，拆下吸油管组，检查并清洗滤网。

(4) 旋松并拆下机油泵盖紧固螺栓，取下机油泵组件，检查泵盖上的限压阀。

(5) 分解主、从动齿轮，再分解齿轮和轴，垫片更换新件。

2. 检验与装配

(1) 检查主、从动齿轮的磨损，有无损伤，必要时更换，最好成对更换。

(2) 机油泵盖与齿轮端面间隙：标准为 0.05 mm，使用极限为 0.15 mm。检查时，将钢直尺直边紧靠在带齿轮的泵体端面上，将塞尺插入二者之间的缝隙进行测量。若不符，则可增减泵盖与泵体之间的垫片进行调整。

(3) 主、从动齿轮与泵腔内壁间隙超过 0.3 mm 时应更换新件。测量的方法是用塞尺插入测量。

(4) 主、从动齿轮的啮合间隙：用塞尺插入啮合齿间，测量 120°三点齿侧，标准为 0.05 mm，使用极限为 0.20 mm。

(5) 将所有零件清洗干净，按分解的逆顺序进行装配。

3.2.2 克莱斯勒润滑系统的拆装

一、2.2 L 和 2.5 L 发动机机油盘的拆卸与安装

1. 拆　卸

(1) 断开蓄电池负极导线，拆下量油尺。

(2) 抬起车辆并安全支撑。

(3) 放出发动机润滑油。

(4) 若有，则拆下发动机与变速驱动桥的螺栓。

(5) 拆下变矩器或离合器观察盖。
(6) 拆下机油盘固定螺栓、机油盘和侧面密封。

2. 安　装

(1) 彻底清洗并干燥所有密封面、螺栓和螺栓孔。
(2) 安装新机油盘垫片或用硅密封件来密封机油盘面,把机油盘安装到发动机上。
(3) 安装固定螺栓,紧固 M8 螺栓,扭矩为 23 N·m,紧固 M6 螺栓,扭矩为 12 N·m。
(4) 安装机油尺,把适量的发动机润滑油加入发动机。
(5) 连接蓄电池负极导线,启动发动机,检查渗漏。

二、3.0 L 发动机机油盘的拆卸与安装

1. 拆　卸

(1) 断开蓄电池负极导线。
(2) 拆下变矩器螺栓,取下盖罩。
(3) 放出发动机润滑油。
(4) 拆下机油盘固定螺栓,拆下机油盘和垫片。

2. 安　装

(1) 彻底清洁所有零件,清洗并干燥所有密封面、螺栓和螺栓孔;检查机油盘垫片面是否平整,用木块和木槌来纠正微小不平。

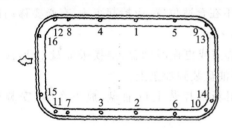

图 3.2-1　3.0 L 发动机机油盘螺栓紧固顺序

(2) 在链罩与机体的配合面间,在固定件与机体间使用聚酮密封件。
(3) 机油盘和安装好的发动机的结合面上安装新垫片或使用聚酮密封件。
(4) 如图 3.2-1 所示,装固定螺栓并按次序紧固到扭矩为 6 N·m。
(5) 装机油尺,加注合适量的发动机润滑油。
(6) 连接蓄电池负极导线,检查泄漏。

三、2.2 L 和 2.5 L 发动机机油泵的拆卸与安装

1. 拆　卸

(1) 转动发动机到第 1 缸压缩行程上止点,断开蓄电池负极导线。
(2) 标记转子与机体的位置,拆下分电器(此时油泵轴上的窄槽与曲轴的中心线平行)。如有必要,可在窄槽与分电器座孔的位置做标记。
(3) 如图 3.2-2 所示,拆下机油尺,抬起车辆并安全支撑,放出发动机润滑油,拆下机油盘。
(4) 拆下泵壳上的吸油盘管和油泵的固定螺栓,拆下管子。
(5) 拆下两个固定油泵的螺栓,从发动机上拆下油泵。

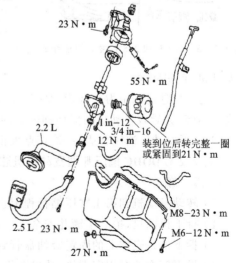

图 3.2-2　2.2 L 和 2.5 L 发动机润滑元器件

2. 安 装

(1) 在更换新油泵前,应对油泵进行如下检查(若不符合规定,应更换新油泵):

① 用直边测缝规检查转子端部间隙。最小限度是 0.001 mm,最大是 0.003 5 mm。

② 用千分尺测量外转子。最小直径误差是 0.943 5 mm,外转子外径最小应是 2.469 mm。

③ 安装外转子到有大倒角边的泵体上。转子间的间隙最大应是 0.008 mm,外转子与泵壳间的间隙最大应是 0.014 mm。

④ 用测缝规检查泵壳,最大间隙应是 0.003 mm。

⑤ 用千分尺测量内转子厚度,最小厚度应是 0.943 5 mm。

⑥ 如果拆卸了减压弹簧,清洁减压阀,弹簧自由长度应是 1.95 mm。按合适次序安装减压阀和弹簧。

(2) 从油泵进油口加注干净机油,并转动油泵,直到从出油口出油。重复几次,直到没有气泡出现为止。

(3) 在油泵体与机体结合面处使用专用润滑油,润滑油泵和分电器驱动轴。

(4) 对准中间轮的正时标记,对准曲轴轮上的正时标记,装上油泵并前后转动,确保泵安装面与机体机加工面间的合适位置。

(5) 安装固定法兰的固定螺栓,放下车辆。当中间轴和曲轴安装合适后,确认油泵上的窄槽与曲轴中心线平行,如图 3.2-3 所示。如果窄槽不在合适位置,应抬起车辆,有必要移动齿轮;若窄槽正确,则紧泵与机体的固定螺栓到 23 N·m。

(6) 清洁或更换吸油盘,更换吸油盘 O 形密封圈,并把吸油盘装到油泵上。

(7) 用新垫片装上机油盘,放下车辆,安装分电器。

(8) 安装机油尺,加注适量的发动机机油,安装新机油滤清器。

(9) 连接蓄电池负极导线,再加注润滑油,启动发动机,检查油压。当急速热车时,发动机可控制急速的油压最小是 4 kPa;当 3 000 r/min 时,应该是 25~80 kPa。若在急速时油压表上无读数,则要关掉发动机,查明问题。

图 3.2-3 2.2 L 和 2.5 L 发动机油泵轴定位

注意:当急速油压为 0 时,不要把发动机加速到 3 000 r/min 以提高油压。无油压的发动机高速运转,会导致发动机的损坏和内部的严重毁坏。

(10) 当发动机油压合后,检查点火正时,检查周边渗漏。

四、2.2 L DOHC 增压 Ⅲ 型发动机机油泵的拆卸与安装

1. 拆 卸

(1) 转动发动机到第 1 缸压缩行程上止点,断开蓄电池负极导线。

(2) 拆下机油尺,抬起车辆并安全支撑,放出发动机机油,拆下机油盘。

(3) 拆下油泵壳体上的固定吸油盘管到油泵上的螺栓,拆下管子。

(4) 拆下两个油泵固定螺栓,从发动机上拆下油泵。

2. 安 装

（1）从油泵进油口加注干净机油并转动油泵驱动轴，使油从出油口流出。重复几次，直到没有气泡产生。

（2）在油泵体与机体结合面处涂专用润滑油，润滑油泵和分电器驱动轴。

（3）对准中间轴的正时标记，对准曲轴轮正时标记，装上油泵并前后转动，保证油泵安装面与机体加工面间的正确位置。

（4）安装固定螺栓，并紧固到扭矩为23 N·m。

（5）清洁吸油盘，如必要，更换吸油盘。更换吸油盘O形圈，把吸油盘装到油泵上。

（6）用新垫片装上机油盘，放下车辆。

（7）安装机油尺，加注适量的发动机润滑油。

（8）连接蓄电池负极导线，使发动机运转，检查油压。

五、3.0 L发动机机油泵拆卸与安装

1. 拆 卸

（1）断开蓄电池负极导线。

（2）拆下所有辅助传动带，拆下曲轴驱动轮（V形带和蛇形带）以及曲轴扭转减震器。

（3）按以上正确的步骤拆下正时带，拆下曲轴正时带轮。

（4）拆下油泵与机体联结的螺栓，注意螺栓的长度不同，要进行标记，以便再装回到原来位置。

（5）拆下油泵总成。

2. 安 装

（1）清洁所有零件，油泵装到机体上之前要检查其磨损及损坏情况。拆下油泵转子检查，长时间运转多在此处磨损最大。测量泵壳与内转子间的间隙，如果超过0.006 mm，应更换油泵总成。

（2）把转子插入油泵壳中，用测缝规检查间隙，外转子与壳体间的间隙应0.004～0.007 mm，转子内部间隙应是0.001 5～0.003 5 mm。如果任何零件超出规定，需要更换。

（3）检查减压塞，尤其在油压报警器故障检修时。当减压塞被堵塞或减压弹簧破坏时，就会导致不正常的油压和滤清效果。从油泵壳体下部拆下减压塞体，并拆下弹簧及内装件。使用合适的溶剂清洗塞及座，确认内装件在座内能自如滑动，再把内装件装进泵体，然后装弹簧，最后装密封塞。

（4）更换新垫片，安装油泵。

（5）紧固螺栓的拧紧力矩为13～15 N·m。

（6）按步骤安装正时带。

（7）安装辅助传动带。

（8）把清洁润滑油加入发动机，建议更换机油滤清器。

（9）连接蓄电池负极导线。

（10）油泵维修后，安装压力表。在发动机启动后，监视油压试运转，试运转检查油泵工作情况并检查泄漏。

3.2.3　LS400 润滑系统的拆装

一、LS400 润滑系统机油循环线路

LS400 润滑系统机油循环线路如图 3.2-4 所示。

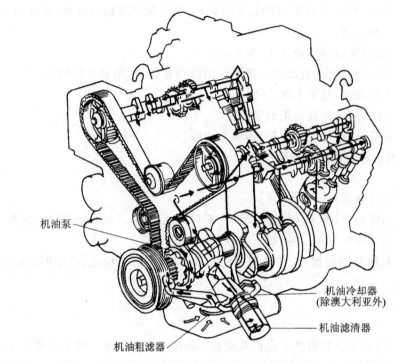

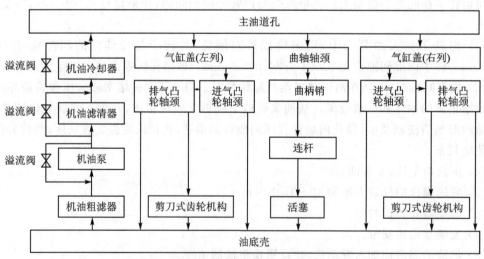

图 3.2-4　LS400 润滑系统机油循环线路

二、润滑系统零部件的拆卸、检查与安装

1. 机油泵的分解、检查、组装及安装

1）机油泵零部件的分解

机油泵的分解如图 3.2-5 所示。

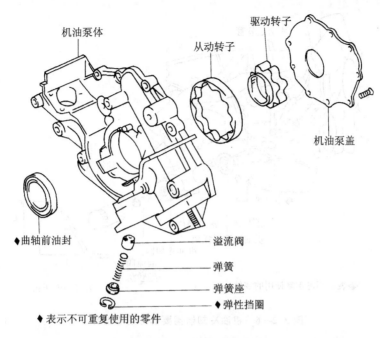

图 3.2-5 机油泵的分解

2) 机油泵零部件的检查

把主、从动转子放进泵壳中并使带记号的一端面朝上,在主、从动转子的齿顶间插入塞尺以测量两齿顶的间隙,其标准齿顶间隙为 0.110~0.240 mm,极限齿顶间隙为 0.35 mm。若齿顶间隙超过极限值,则应成套更换主、从动转子。在主、从动转子壳体的端面处放上直尺,用测隙规测量直尺与转子端面间的间隙,其标准值 0.030~0.090 mm,极限间隙为 0.15 mm。若端面间隙超过极限值,则应成套更换主、从动转子。把测隙规插进从动转子与泵壳之间,以测量从动转子与泵壳的间隙,其标准值为 0.100~0.175 mm,极限值为 0.30 mm。若间隙超过极限值,则应成套更换主、从动转子。必要时须更换机油泵总成。

3) 机油泵的组装与安装

机油泵的组装与安装按分解和拆卸的相反顺序进行。在组装机油泵时,要使主、从动转子带记号的朝向泵盖一侧。使用新 O 形圈,装上泵体并以 10 N·m 的扭矩拧紧螺钉。在安装机油泵时,要清除原来的密封填料并避免安装面接触到机油。在机油泵的安装面上涂上专用密封填料,然后装上开口套管,且保证整个工作要 5 min 内组装完,否则应除去密封填料,重新抹涂。在安装机油泵时,M12 的螺栓拧紧扭矩为 16 N·m,M14 螺栓的拧紧扭矩为 30 N·m。

2. 机油冷却器的拆卸、检查与安装

1) 机油冷却器的拆卸

对于 UCF10 系列的发动机机油冷却器,拆卸时需要拆卸的零部件,如图 3.2-6 所示。

2) 机油冷却器的检查

① 推动减压阀时,应无卡滞感,否则应更换减压阀。

② 检查机油冷却器有无损坏或堵塞,必要时予以更换。

3) 机油冷却器的安装

按拆卸的相反顺序进行机油冷却器的安装。安装时,在机油冷却器放上新 O 形密封圈和

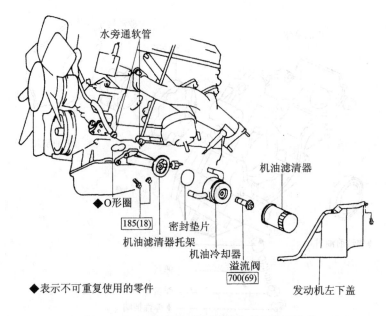

图 3.2-6 机油冷却器需要拆卸的零部件

新衬垫。在减压阀的螺纹及头部下面稍涂一些机油,并以 69 N·m 的扭矩拧紧。

任务 3.3　发动机的验收

【任务目标】
(1) 掌握测功机、废气测试仪、真空测试仪、气缸压力表等设备、仪表的使用。
(2) 掌握发动机外特性试验及验收标准。
(3) 掌握发动机热机状态下进行试验的方法及验收标准。

【任务描述】
以大修竣工的汽车发动机、测功机、废气测试仪、真空测试仪、气缸压力表为例,讲述发动机的验收。

【任务实施】
内容详见 3.3.1 小节～3.3.3 小节。

3.3.1　技术标准及要求

(1) 发动机试验和废气排放值符合国家标准。
(2) 热状态下,各项技术指标及工作性能符合国家标准。

3.3.2　操作步骤及工作要点

一、发动机大修竣工外特性试验

(1) 有负荷试验:发动机经过磨合与无负荷试验后,应在测功机上进行有负荷试验。在发动机正常温度条件下,使节气门全开,同时逐渐增大负荷,使发动机稳定在最大扭矩的转速下,测定其外特性指标,做好记录。

(2) 用废气测试仪测定废气排放值,做好记录。

(3) 发动机大修竣工外特性试验技术标准：最大功率不低于原厂额定功率的95%；最大扭矩不低于原厂额定扭矩的95%；最低燃油消耗率不高于原厂规定值；废气排放值符合国家规定。若不能达到上述标准,则应查明原因予以排除,直至符合外特性试验标准方可验收。

二、发动机热状态下的验收

在发动机启动和运转过程中,进行观察、检测,并查阅发动机大修过程中有关技术资料,进行热状态下的验收。热状态下进行验收的标准如下：

(1) 发动机按照规定的装配技术条件进行装配,零部件及附件均应符合修理技术标准,并装备齐全,工作良好,固定可靠。

(2) 按规定进行冷、热磨合及拆检清洗。

(3) 发动机在正常温度下,5 s 内能顺利启动(汽油机不低于−5 ℃,柴油机不低于+5 ℃)。

(4) 在正常温度下,怠速、中速、高速(按原车最高转速的75%计算)运转应稳定、均匀,不得有回火冒烟现象。在正常工作下不得有过热现象。改变转速时应过渡圆滑,急加速时不得有空爆声,化油器不得回火,消声器不得放炮。

(5) 润滑油液与冷却液的温度及压力应符合规定,各仪表工作正常。

(6) 气缸压缩压力应符合原厂规定。冷却液温度为75～85 ℃时,各缸压缩压力应在允许范围内,汽油机应不超过各缸平均压力的8%,柴油机应不超过10%。

(7) 发动机不得有漏油、漏水、漏气、漏电等现象。各密封面处允许有不形成滴状的浸渍。

(8) 发动机在正常工作温度下,进气歧管真空度应符合原厂规定。

(9) 发动机在正常工作温度下,不得有下列响声：活塞敲缸声,活塞、连杆轴承异声；正时齿轮敲缸声；其他部位不得有异响。

(10) 发动机启动运转稳定后,允许有下列轻微响声：水温低于45 ℃时,允许活塞有轻微敲缸声；机油泵正时齿轮、分电器驱动齿轮或喷油泵传动齿轮啮合间隙符合规定时,允许有轻微啮合响声；气门、气门推杆装配间隙符合规定时,允许有轻微响声。

(11) 发动机不得有窜油现象。启动至怠速5 min后,拆下火花塞检查,电极与磁芯处不得有油迹(允许有黑烟痕迹)。

(12) 缸盖螺栓要求复紧的,应复紧检查。

(13) 发动机外表应按规定进行油漆涂装。

(14) 发动机应按规定加注足够的润滑液。

(15) 其他有关要求应符合原厂规定。

3.3.3 注意事项

(1) 所有发动机必须是经过冷、热磨合进行无负荷试验后的发动机。

(2) 鉴于国家尚未公布电喷发动机大修竣工的验收标准,对大修竣工后的电喷发动机进行验收时,应在此验收标准的基础上,参阅原制造厂对该发动机的有关技术标准,增添必要的验收项目与技术标准。

【项目评定】

为了解学生此项目的掌握情况,可通过表3-2,对学生的理论知识和实际动手能力进行定量的评估。

表 3-2 项目评定表

序号	考核内容	规定分	评分标准
1	正确使用工具、仪器	10 分	工具使用不当扣 10 分
2	正确的拆装顺序	40 分	拆装顺序错误酌情扣分
	零件摆放整齐		摆放不整齐扣 5 分
	能够清楚各个零件的工作原理		叙述不出零件的工作原理扣 5 分
3	正确组装	30 分	组装顺序错误酌情扣分
4	组装后能正常工作	10 分	不能工作扣 10 分
			能部分工作扣 5 分
5	整理工具,清理现场	10 分	每项扣 2 分,扣完为止
	安全用电,防火,无人身、设备事故		如不按规定执行,本项目按 0 分计
6	分数合计	100 分	

习 题

(1) 简述水冷系的组成和工作过程。
(2) 桑塔纳轿车冷却系统节温器的检查方法。
(3) 克莱斯勒轿车冷却系水泵的拆装步骤。
(4) 简述润滑系的组成和工作过程。
(5) 简述桑塔纳轿车机油泵的拆装和调整步骤。
(6) 简述克莱斯勒轿车润滑系机油盘的拆装步骤。
(7) 简述克莱斯勒轿车润滑系机油泵的拆卸与安装步骤。

项目 4　离合器、变速器的装配与调试

【项目要求】

(1) 了解离合器的功用、构造和工作过程及其调整要领。
(2) 掌握离合器的拆装顺序及其踏板自由行程的调整要领。
(3) 熟悉三轴式变速器与二轴式变速器的分解与装合。
(4) 掌握其操纵机构的拆装与调整。
(5) 了解典型轿车自动变速器的组成,主要零部件的构造、原理。
(6) 掌握典型车型自动变速器的拆装过程。

【项目解析】

汽车底盘是汽车最重要的组成部分,而离合器、变速器又是汽车底盘中的重点。通过此项目的学习,要能对离合器、变速器进行正确、快速地装配和调试。

任务 4.1　离合器拆装与调整

【任务目标】

(1) 了解离合器的功用、构造和工作过程及其调整要领。
(2) 了解离合器在汽车上的安装位置及其操纵机构的连接关系。
(3) 掌握离合器的拆装顺序及其踏板自由行程的调整要领。

【任务描述】

离合器位于发动机和变速器之间,它的功用是保证汽车平稳起步,便于汽车行驶过程中的换挡并防止汽车传动系统过载。离合器包括离合器总成和离合器操纵机构,离合器总成又可分为从动盘总成和离合器盖及压盘总成。

以 BJ2020 型车、桑塔纳轿车为例,讲述离合器拆装与调整。

【任务实施】

内容详见 4.1.1 小节和 4.1.2 小节。

4.1.1　BJ2020 离合器的拆装与调整

一、离合器的拆卸与分解

1. 拆卸离合器的步骤

(1) 拆下传动轴与变速器的连接螺钉,放下传动轴,拆下离合器分离叉及其回位弹簧,拆下倒挡灯导线,拆下里程表传动软轴的连接螺钉,取下传动轴。
(2) 拆下驾驶室内变速器盖板和离合器分离轴承注油管。
(3) 拆下变速器与飞轮壳的连接螺钉,取下变速器。
(4) 检查离合器盖与飞轮上的记号(无记号应补上),然后在分离杠杆与离合器盖之间塞入木块。这样在固定螺钉拆下后,压盘弹簧仍将保持压缩,便于取下离合器。
(5) 均匀旋下离合器盖固定螺钉,取下离合器盖和从动盘。

2. 离合器的分解步骤

离合器的分解如图4.1-1所示。

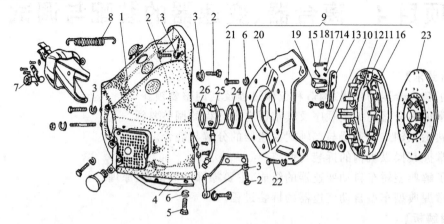

1—分离器壳;2、5、21、22—螺栓;3、6—垫圈;4—底盘总成;7—分离叉总成;8、26—回位弹簧;
9—离合器压盘及壳总成;10—压盘弹簧;11—压盘;12—绝热垫圈;13—分离杆;14—滚柱;16—滚针轴承销;
17—滚针;18—开口销;19—分离杆支架;20—压盘壳;23—摩擦片;24—分离轴承;25—分离轴承套筒

图4.1-1 离合器的分解

(1) 在离合器盖和压盘上做记号,用压盘或压具将压盘弹簧压紧,然后再拆下分离杠杆支架螺钉。

(2) 取下离合器盖,压盘弹簧及隔热垫。

(3) 拆下开口销,铣出分离杠杆与压盘的连接销,取出滚针轴承(注意滚针不要丢失)。

(4) 铣出半圆销,取下分离杠杆支架及滚柱。

(5) 清洗各零件,将各零件存放在一起,不要随意乱放,以免丢失。

二、离合器的装配与调整

1. 装配技术要求

装配技术要求如图4.1-2所示。

(1) 从动盘毂与变速器第一轴的配合为+0.013～+0.101 mm,使用限度不大于+0.6 mm。

(2) 滚针圆柱销与分离杠杆的配合为+0.005～+0.11 mm,限度为+0.15 mm。

(3) 摩擦片的厚度为3.5 mm。

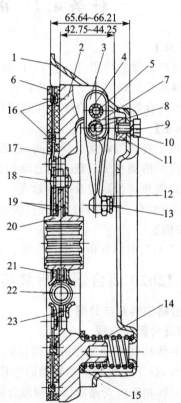

1—盖;2—压盘;3—分离杆;4—滚针;5—销子;6—从动盘;
7—半圆销;8—滚柱;9—固定螺钉;10—垫圈;11—支梁;
12—锁紧螺母;13—调整螺钉;14—压盘弹簧;15—绝热垫;
16—铆钉;17—钢片;18—特殊铆钉;19—摩擦片垫片;
20—从动盘毂;21—调整垫片;22—减震弹簧;23—减震盘

图4.1-2 离合器装配

2. 离合器的装配步骤

(1) 用润滑脂将滚针轴承贴于分离杠杆销孔内,装入压盘凸耳中,再装入横销,并锁紧开口销。

(2) 将滚柱加润滑脂放入分离杠杆孔内,然后使分离杠杆与支架结合,装入半圆销,锁紧开口销。

(3) 将隔热圈、压紧弹簧放在压盘的弹簧套上,如弹簧稍有高低不一致,应间隔放置,并加垫圈调整高度,使其尽量一致。

(4) 将离合器盖与压盘之间的记号对正,用压具压紧弹簧,旋紧支架螺钉使盖与压盘接合。

(5) 装入从动盘,应使短毂朝前,如图 4.1-3(a)所示。如果装错了,会造成从动盘毂的键槽不能全部与第一键齿套合而加速磨损,如图 4.1-3(b)所示。

(6) 按记号将离合器装在飞轮上。如果是新铆的摩擦片,应先测量一下从动盘的厚度。如果超过 9 mm 时,应在飞轮与离合器之间加垫片(超过 9 mm 多少,所加垫片的厚度就是多少),然后逐次均匀拧紧固定螺钉。

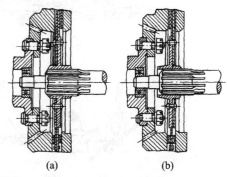

图 4.1-3 正确装入从动盘

3. 离合器分离杠杆的调整

(1) 如图 4.1-4 所示,分离杠杆的调整是通过旋转分离杠杆内端调整螺钉进行的,使螺钉的上平面至压盘工作面之间的距离为 42.75～44.25 mm,3 只分离杠杆的高度差不得超过 0.2 mm。

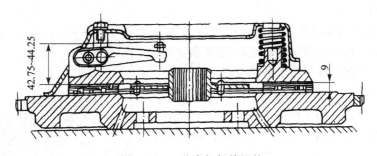

图 4.1-4 分离杠杆的调整

(2) 如果调整螺钉已旋出很多,而分离杠杆高度仍达不到要求,则可在离合器盖与飞轮之间加适当厚度的调整垫片;如果调整螺钉已旋到头,杠杆高度仍太高,则在分离杠杆支架与盖之间加适当的垫片。

(3) 调整好后,将调整螺钉锁紧,并在螺孔边缘凿一缺口,使一部分金属嵌入调整螺钉槽内,防止调整螺钉松动。

三、离合器的装车与调整

1. 离合器的装车

(1) 首先润滑变速器的第二轴前端轴承,并放入曲轴后端孔内。

(2) 将变速器抬起并插入从动盘毂与曲轴后端孔内。

(3) 安装分离叉及离合器分泵总成,挂上离合器回位弹簧。

(4) 安装离合器总泵及油管接口,将总泵内加满油液。

(5) 如图 4.1-5 所示,装复其他液压传动操纵机构。

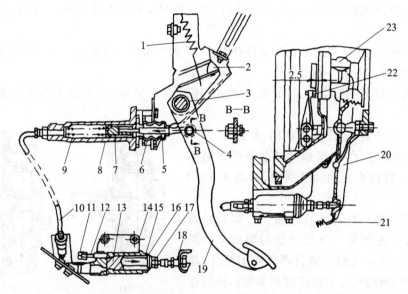

1—踏板回位弹簧;2—缓冲块;3—踏板轴;4—偏心螺栓;5—推杆;6—防尘罩;7、13—活塞;
8—皮碗;9—总泵;10—油管;11—橡胶管;12—放气阀;14—分泵;15—防尘套;16、18—挺杆;
17—锁紧螺母;19—踏板;20—分离叉;21—回位弹簧;22—螺钉;23—分离轴承

图 4.1-5 装复液压传动操纵机构

2. 离合器踏板自由行程的检查与调整

1) 检查方法

如图 4.1-6 所示,离合器踏板自由行程为 32~40 mm。它是分离轴承与分离杠杆之间的间隙和总泵推杆与活塞之间的间隙在踏板上的总反映。

2) 调整方法

总泵推杆与活塞之间的间隙为 0.5~1.0 mm,不合适时应通过转动偏心螺栓进行调整,调整好后扭紧固定螺母。如图 4.1-7 所示,离合器分离轴承与分离杠杆之间的间隙为 2.5 mm,在踏板上的反映为 29~34 mm。不合适时,应通过改变分泵推杆的长度进行调整,调整好后应锁紧螺母。

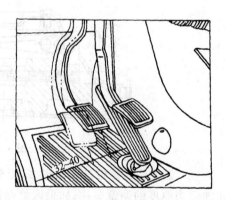

图 4.1-6 离合器自由行程的检查

4.1.2 桑塔纳离合器的拆装与调整

1. 离合器总成的拆卸与分解

(1) 在离合器盖与飞轮上做装配记号。

(2) 以对角拧松并拆下压盘与飞轮的固定螺栓,取下压盘总成、离合器从动盘。

(3) 在离合器盖与压盘之间及膜片弹簧之间作对合标记,进行分离。

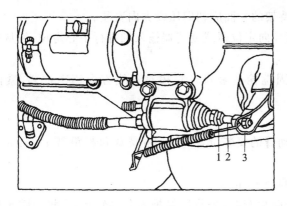 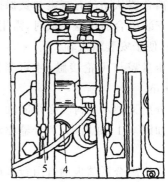

1、5—锁紧螺母；2—推杆；3—分离叉；4—偏心螺栓

图 4.1－7　离合器的调整

(4) 拆下膜片弹簧装配螺栓,将压盘及膜片与离合器盖分离。

2. 分离叉轴的拆卸

分离叉轴的拆卸如图 4.1－8 所示。

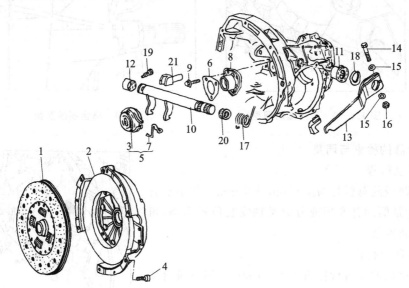

1—离合器从动盘总成；2—离合器压盘总成；3—分离轴承；4、9、10—螺栓；5—分离器；
6、15—垫圈；7—弹簧；8—分离轴承导向套筒；10—分离叉轴；11—衬套座；12—分离叉轴衬套；
13—离合器驱动臂；16—螺母；17—回位弹簧；18—卡簧；19—固定螺钉；20—橡胶防尘套；21—拉索

图 4.1－8　分离叉轴的拆卸

(1) 松开螺栓,拆下驱动臂、分离轴承。
(2) 松开螺栓,取下分离轴承导向套和橡胶防尘套,回位弹簧。
(3) 用尖嘴钳取出卡簧和分离轴承后,分离叉轴即可取出。

3. 离合器的装配

离合器的装配应大致按与拆卸相反的顺序进行,但同时还应注意以下几点：
(1) 离合器盖与压盘及膜片弹簧的对合标记要对齐。
(2) 各支点和轴承表面以及分离轴承在组装时应涂锂基润滑脂。

(3) 离合器从动盘有减震弹簧保持架的一面应朝向压盘方向安装。

(4) 安装离合器压盘总成时,需用导向定位器或变速器输入轴进行中心定位,使从动盘与压盘同心,便于安装输入轴。

(5) 压盘需与飞轮接触,才可紧固螺栓。紧固时应按对角线方向逐次拧紧,紧固力矩为 25 N·m。

(6) 分离叉轴两端衬套必须同轴。

(7) 如图 4.1-9 所示,离合器驱动臂的安装位置与固定拉索螺母架距离 a 为 200 mm±5 mm。

(8) 应将离合器踏板的自由行程调到 15 mm。

(9) 如图 4.1-10 所示,安装橡胶防尘套时,先将压簧推入分离轴承,再将挡圈预压至尺寸 $A=18$ mm 锁死,分离轴承锁紧力矩为 15 N·m。

图 4.1-9　离合器的调整

图 4.1-10　离合器的装配

4. 离合器的检查与调整

1) 踏板总行程

离合器踏板的总行程为 150 mm±5 mm。如不符合要求,则可能是驱动臂变形或分离叉轴安装位置不当,可松开螺栓重新安装。

2) 踏板自由行程

离合器踏板的自由行程为 15~25 mm。如不符合要求,则可通过图 4.1-11 所示的调整螺母来调整。

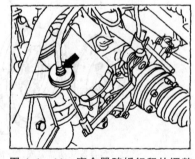

图 4.1-11　离合器踏板行程的调整

任务 4.2　手动变速器拆装与调整

【任务目标】

(1) 熟悉三轴式变速器与二轴式变速器的分解与装合。

(2) 掌握其操纵机构的拆装与调整。

【任务描述】

以 CA1091 变速器拆装车、奥迪 100 型轿车二轴式变速器和三轴式变速器为例来讲述。

【任务实施】

内容详见 4.2.1 小节~4.2.3 小节。

项目 4　离合器、变速器的装配与调试

4.2.1　三轴式变速器的拆装与调整(以 CA1091 为例)

三轴式变速器的分解如图 4.2-1 所示。

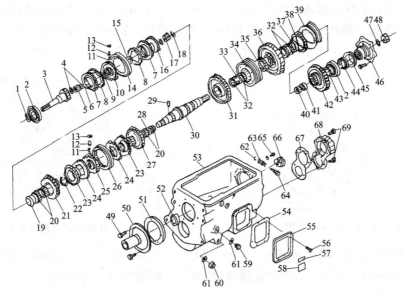

1—第一轴后轴承内圈卡环;2—滚柱轴承及卡环;3—第一轴;4—隔环;5、20、32、40—滚针轴承;
6—滚针轴承卡环;7—第一轴齿轮接合齿圈;8—第五、六挡同步器锁环;9、15、18、22—卡环;10—花键毂;
11—同步器弹簧;12—定位块;13—推块;14—第五、六挡接合套;16—第二轴五挡齿轮;
17—第五挡齿轮滚针轴承;19—四挡齿轮衬套;21—第二轴四挡齿轮;23—第三、四挡齿轮接合齿圈;
24—第三、四挡同步器锁环;25—花键毂;26—第三、四挡接合套;27—第二轴三挡齿轮;28、33—隔套;
29—防转销;30—第二轴;31—第二轴二挡齿轮;34—第二同步器总成;35—第一挡接合齿圈;
36—第二轴一挡齿轮;37—一挡齿轮衬套;38—倒挡齿轮接合齿圈;39—倒挡齿轮接合齿圈;41—倒挡齿轮衬套;
42—第二轴倒挡齿轮;43—倒挡齿轮止推垫;44—后盖油封总成;45—挡尘罩总成;46—第二轴凸缘;
47、62—O 形环;48—锁紧螺母;49—第一轴轴承盖螺栓;50—第一轴轴承盖;51—密封垫;
52—第一轴油封总成;53—外壳;54、67—衬垫;55—取力孔盖板;56—取力孔盖板螺栓;57—速度表齿轮标牌;
58—变速器标牌;59—加油螺塞;60—放油螺塞;61—垫圈;63—偏心套;64—速度表从动齿轮;
65—偏心固定螺栓;66—蜗杆;68—后盖;69—后盖螺栓

图 4.2-1　变速器分解图

一、自车上拆下变速器总成

(1) 首先拆下与传动轴相连的万向节。注意：拆卸前应在传动轴凸缘叉和变速器二轴凸缘上做好装配标记。

(2) 拆下倒车警报开关导线、速度表传动软轴。

(3) 拆下离合器分离拉杆锁紧件,使离合器踏板机构与离合器叉拉臂分离;拆下手制动器软轴接头等操纵机构连接件,拆下驾驶室内变速器盖板。

(4) 拆下固定在变速器壳体上的离合器助力分泵。

(5) 用变速器拆装车托住变速器总成,拆下飞轮壳与离合器壳之间的固定螺栓,拆下变速器与发动机后悬架及车架的固定螺栓。

(6) 拆下变速器总成。注意：应先将变速器第一轴沿轴向平稳退出后才可放下变速器总成。

二、三轴式变速器的分解

(1) 拆下放油螺塞,放尽齿轮油。

(2) 将变速杆置于空挡位置,拆下变速器盖固定螺栓,取下变速器盖总成。

(3) 手制动器总成的拆卸:如图 4.2-2～图 4.2-4 所示,旋下手制动鼓的固定螺栓,卸下制动鼓。拧下第二轴凸缘固定螺母(同时挂上两个挡位,防止第二轴转动),拔下第二轴凸缘(注意:勿损坏 O 形环圈与挡尘罩),旋下手制动底板固定螺栓,取下手制动器总成。

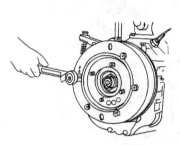
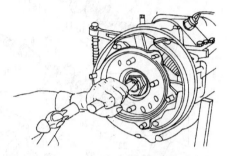

图 4.2-2　拆手制动钳　　　　　图 4.2-3　松开锁紧螺母的锁紧装置

(4) 变速器后盖的拆卸:如图 4.2-5～图 4.2-7 所示,旋下后盖的固定螺栓,取下后油封(勿损伤橡胶油封),拆下偏心套固定螺栓,抽出带速度表从动齿轮的偏心套,拆下第二轴上的速度表主动齿轮。

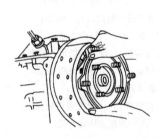
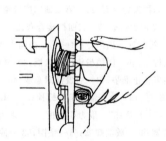
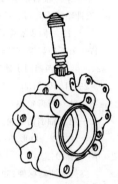

图 4.2-4　按下第二轴凸缘　　图 4.2-5　拆变速器后盖　　图 4.2-6　拆下偏心套

(5) 第一轴轴承盖及第一轴的拆卸:如图 4.2-8 和图 4.2-9 所示。旋下轴承盖固定螺栓,取下轴承盖(用塑料布包住花键轴,防止损伤油封)。用专用工具拔出第一轴,取下轴承的内外卡环,压(拉)出轴承。

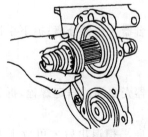
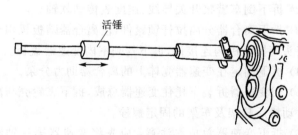

图 4.2-7　拆下蜗杆　　　　图 4.2-8　用拉器拆下第一轴总成

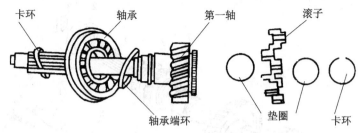

图 4.2-9 拆散的第一轴

(6) 第二轴总成的拆卸：如图 4.2-10～图 4.2-12 所示，首先拆下后端轴承卡环，用钢棒敲击第二轴前端，使其向后窜动一定距离。将拉器薄钩插入轴承卡环中，拉出后轴承。托住第二轴后端，由壳体内取出前端的同步器总成，再取出第二轴总成，即可按顺序分解轴上各部件。

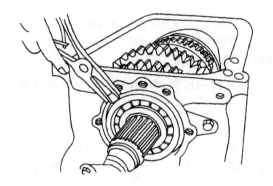

图 4.2-10 拆第二轴后轴承卡环

图 4.2-11 第二轴总成的夹紧装置

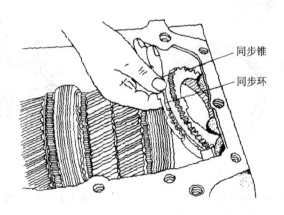

图 4.2-12 从壳体中取出接合齿圈和同步器锁环

(7) 中间轴总成、倒挡惰轮轴的拆卸：如图 4.2-13 所示，拆下中间轴后端的轴承卡环，用铜棒由前向后敲击中间轴，用薄钩拉器拉出后轴承，从壳体中取出中间轴总成（要防止损伤前密封件）。利用拉、压工具即可按顺序分解轴上各件。再拆下惰轮轴锁止件，用专用工具拨出惰轮轴，由壳体内取出惰轮轴及止推垫。

(8) 倒挡轴总成的拆卸：拆下轴端锁止件，用专用工具拨出倒挡轴，从壳体内取下倒挡齿轮。

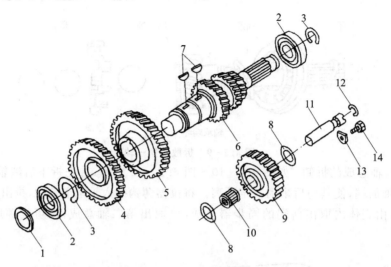

1—中间轴前密封盖;2—轴承;3—卡环;4—减速齿轮;5—第五挡齿轮;6—中间轴;
7—半圆键;8—止推垫;9—惰轮;10—惰轮轴承;11—惰轮轴;12—O形圈;13—锁片;14—螺栓

图 4.2-13　中间轴及惰轮轴分解图

(9) 同步器总成的分解:如图 4.2-14 所示,压出滑动齿套,取出滑块、定位块和弹簧。对于同步锥环应做好装配标记,不可互换。

三、变速器的装合与调整

(1) 同步器总成的装配:依次装好弹簧、滑块和定位块,按装配标记装合同步锥环,如图 4.2-15 所示,用百分表检查锥面径向跳动量(其跳动量不得大于 0.1 mm),并进行出必要的调整,再装上卡环。

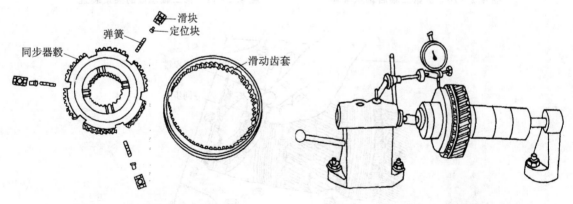

图 4.2-14　同步器的各零件　　　　图 4.2-15　检查结合齿圈的跳动量

(2) 倒挡轴与惰轮轴的装合:按拆卸顺序相反的步骤进行装合,并锁止牢固可靠。惰轮轴向间隙应符合规定(标准为 0.15～0.60 mm,使用极限 0.60 mm)。若不符合要求,则可用止推垫进行调整。其止推垫方向如图 4.2-16 所示。

(3) 中间轴总成的装合:按拆卸顺序装复各件,将其放入壳体内,将前后轴承安装到位。轴承卡环与槽的标准侧隙应为零,若松旷则应更换卡环予以调整。再将前轴承盖垂直压入(注意不可用锤子乱敲,防止变形)。安装完毕后,正反转动中间轴,应转动灵活、无异响,并检查倒挡齿轮与惰轮的啮合间隙(其标准为 0.08～0.16 mm,使用极限 0.40 mm)。

(4) 第二轴总成的装合：按顺序装合轴上各件，置入壳内再装上同步器，并使各个齿轮分别与中间轴上的齿轮相啮合。再装上后端轴承，均匀压入到位(不可对轴承外圈加压或施加冲击载荷)。

(5) 第一轴总成的装合：将第一轴总成缓慢压入壳体并套好同步器，再压入轴承直至外卡环贴靠前端面，如图 4.2-17 所示。将轴承盖密封垫两侧涂以密封胶予以装复(勿堵住壳体上的油孔)。

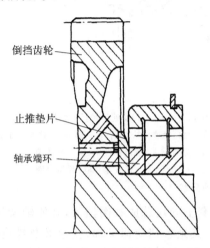

图 4.2-16 倒挡齿轮止推垫的方向

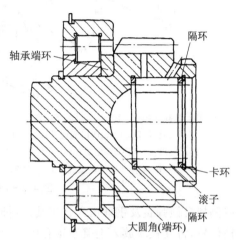

图 4.2-17 轴承的装配方向

将油封唇部涂以润滑油，再将轴承盖一边旋转一边推入(用塑料布包住花键部位，以免损伤油封刃口)，按规定扭矩进行紧固(力矩为 38~50 N·m)。将速度表主动齿轮、变速器后盖依次装合，密封垫和固定螺栓端头应涂以密封胶，再按规定扭矩进行紧固(力矩为 28~50 N·m)。

装合后检查各齿轮副的啮合间隙：第二、三挡为 0.08~0.16 mm，第四、五挡及减速齿轮为 0.04~0.12 mm，各齿轮副啮合间隙允许极限为 0.40 mm。各齿轮径向间隙：第一、倒挡为 0.23~0.10 mm，第二挡为 0.012~0.061 mm，第三挡为 0.010~0.060 mm，第四挡为 0.020~0.119 mm，第五挡为 0.010~0.055 mm。允许极限为 0.50 mm。

(6) 手制动器的装合：将手制动器装在变速器后盖上，扭紧固定螺栓(扭矩为 110~150 N·m)。装上凸缘套、O 形圈，拧紧轴头螺母并锁紧牢靠(力矩为 600~800 N·m)，再将制动鼓固定螺母拧紧(其扭紧力矩为 65~87 N·m)。

四、变速器总成的分解与装合

(1) 变速器盖的分解：图 4.2-18 所示为变速器盖的分解图。

拆卸时应先在各零件上打上装配标记。按顺序拆下倒挡信号开关、通气塞、变速器导块变速叉固定销。翻转变速器盖，用相应直径的圆销将弹性销全部退出。将全部叉轴置于空挡位置，用铜棒敲打轴端并连同塞片一同顶出，取下自锁及互锁弹簧、钢球、锁块。拧下变速手柄和锁紧螺母，取下防尘套，拆下变速杆固定螺栓、拔下变速杆、退出球形帽、弹簧座、弹簧等件。卸下 O 形圈和球座。剪断叉形杆固定螺栓锁丝(注意锁丝穿绕方向)，拆下螺栓及两个端盖、两个换挡轴。

(2) 变速器盖的装合：装合时应按装配标记顺序进行(不可混淆)，首先装合变速叉轴、变速叉及变速导块。将变速叉轴涂以齿轮油，对准标记将变速器叉和导块装入轴孔。用专用工

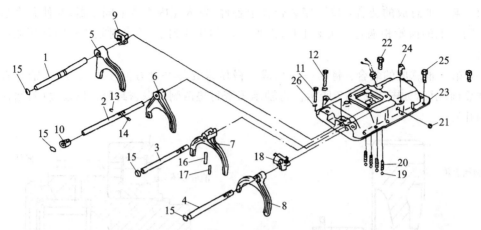

1—倒挡变速叉轴;2—第一、二挡变速叉轴;3—第三、四挡变速叉轴;4—第五、六挡变速叉轴;5—倒挡变速叉;
6—第一、二挡变速叉;7—第三、四挡变速叉;8—第五、六挡变速叉;9—倒挡变速导块总成;10—第一、二挡变速导块;
11、12、22、25—上盖固定螺栓;13—互锁块;14—互锁销;15、21—塞片;16—波口弹性销;17—弹性销;
18—第五、六挡变速导块总成;19—自锁钢球;20—自锁弹簧;23—上盖;24—通气塞;26—弹簧垫圈

图 4.2-18 变速器盖的分解

具将倒挡自锁弹簧及钢球压入自锁孔内,插入倒挡轴,套上导块总成和倒挡叉,并使轴叉处于空挡位置,将互锁块放入上盖互锁孔中。再按顺序装上其余各挡变速叉轴、变速叉及导块(注意:锁销、销块装前应涂以少量润滑脂)。随后进行变速叉及导块的固定,将弹性销打入叉孔中(两销开口相错 180°)。再用专用工具将塞片装入相应叉轴端孔中(装配时应涂少量的密封胶)。最后装合倒挡开关总成(力矩为 27~32 N·m),并检查其准确性,同时装上通气塞。装毕后,检验与调整变速叉行程,装配后各变速叉变速行程技术要求如表 4-1 所列。

表 4-1 装配后变速叉变速行程技术要求

mm

名 称	向 前	向 后	名 称	向 前	向 后
第五、六挡变速叉	12.5	12.5	第一、二挡变速叉	12.0	12.0
第三、四挡变速叉	12.5	12.5	倒挡变速叉	12.0	—

(3) 变速器顶盖的装合:将叉形拨杆和换挡轴插入顶盖,拧紧叉形拨杆固定螺栓(用锁丝锁紧)。放上球座(涂以润滑脂),将 O 形圈装入槽内。再将弹簧、弹簧座、球帽装在变速杆上,压下球帽,拧紧固定螺栓、套上防尘罩。拧上换挡轴两端端盖(装配时应涂以密封胶)。

五、变速器的总装

(1) 变速器盖与壳体的装合:擦净上盖与壳体结合面,检查其平面度,装好定位件,如图 4.2-19 所示。在壳体上表面涂以密封胶(胶迹呈 $\phi 4 \sim \phi 6$ 首尾相连的条形,绕过螺孔不得中断,不得掉入壳体内)。将各齿轮及叉轴置于空挡位置,再将变速叉对准相应各挡位滑动齿套的槽口,轻轻放下变速器盖(不可大幅度错动,以免破坏密封效果)。均匀对称拧紧周围的紧固螺栓(力矩为 38~50 N·m),清理结合面间被

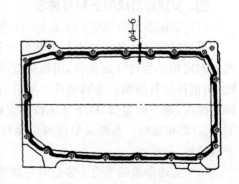

图 4.2-19 涂密封胶的方法

挤出的密封胶。再按以上方法装合变速器顶盖。

（2）装合手制动操纵杆及各零件。

（3）装合离合器外壳、分离轴承、拉臂、拉杆等件，将离合器外壳用螺栓固定在变速器壳体上（力矩为240～300 N·m），装上通风孔盖板。装上分离叉轴及轴承，装上分离轴承及回位弹簧，再装上分离叉轴拉臂及分离拉杆总成。

（4）变速器总成装车：在变速器第一轴花键及第一轴前端轴承处涂以耐热润滑脂，使托架逐渐升高至第一轴与离合器从动盘花键孔对准。向前推动将第一轴插入键孔，使离合器外壳止口与飞轮壳止口吻合，拧紧周围固定螺栓（38～50 N·m）。对准标记装合传动轴，连接里程表软轴、倒挡开关线。装复驾驶室内变速器盖板、变速手柄。连接离合器分离拉杆与分离叉臂。旋紧放油塞，加注齿轮油。

4.2.2 二轴式变速器的拆装与调整

一、由车上拆下变速器

以奥迪100型轿车为例，如图4.2-20所示。

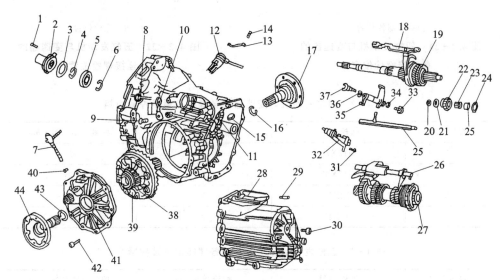

1、9、14、29、31、42—螺栓；2—导向套；3、21—垫圈；4、6、16、20、43—锁紧环；5—球轴承；7—速度表传感器；
8—变速器前壳体；10—多功能传感器插头；11—变速叉轴套；12—多功能传感器；13—锁片；
15—第五挡和倒挡保险装置；17—右驱动法兰（右半轴）；18—第三、四挡换挡拉杆和变速叉；19—输入轴；
22—倒挡齿轮；23—倒挡齿轮滚针轴承；24—止推垫片；25—选挡挡轴（内换挡杆）；
26—带第一、二、三、倒挡换挡拨叉的倒挡拉杆；27—小齿轮；28—变速器后壳体（变速器盖）；30—倒挡轴螺栓；
32—换挡锁止装置；33、35、37—中继轴（选挡换挡横轴）固定螺栓；34、36—调整垫片；38—速度表驱动轮；
39—差速器；40—油封；41—主减速器盖（变速器侧盖）；44—左驱动法兰（左半轴）

图4.2-20 二轴式变速器分解图

（1）断开蓄电池接地线，拆下倒车灯导线及车速表软轴，压下分离杠杆，拆下离合器钢索接头。

（2）如图4.2-21和图4.2-22所示，拆下变速器与发动机的连接螺栓（用专用吊架吊起发动机）。各螺栓数量及拧紧力矩如表4-2和表4-3所列。

（3）拆下排气歧管螺栓及连接件。

(4) 拆下变速器上的换挡拉杆固定螺栓,使其与操纵机构分离。

(5) 拆下右内侧等速万向节的隔热板,从左右驱动法兰上拆下固定螺栓及驱动轴,拆下右边的橡胶垫上的隔热板。

(6) 用专用支架将变速器托住,并拆下变速器后支撑及前支架,拆下离合器的工作缸。

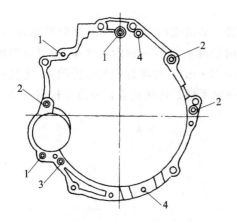

1~4—螺栓位置

图 4.2-21 四缸发动机与变速器的各连接螺栓位置

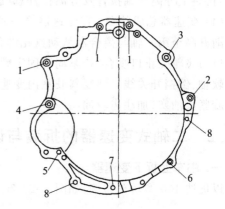

1~8—螺栓位置

图 4.2-22 五缸发动机与变速器的各连接螺栓位置

表 4-2 四缸发动机与变速器的各螺栓数量及拧紧力矩

螺栓位置	螺栓型号	螺栓数量/个	拧紧力矩/(N·m)
1	M12×70	3	65
2	M12×85	3	65
3	M12×100	1	65
4	M8×15	2	25

表 4-3 五缸发动机与变速器的各螺栓数量及拧紧力矩

螺栓位置	螺栓型号	螺栓数量/个	拧紧力矩/(N·m)
1	M12×70	3	65
2	M12×80	1	65
3	M12×90	1	65
4	M8×100	1	65
5	M10×120	1	45
6	M10×50	1	45
7	M10×40	1	45
8	M8×40	2	25

(7) 拆下变速器和发动机底部连接螺栓,拆下启动机及离合器壳盖板。

(8) 用撬棍撬动定位环,使之与发动机分离,下降至适当位置,取出变速器。

二、变速器的解体

(1) 将变速器安装在修理架上,放尽齿轮油。

(2) 用图 4.2-23 所示方式,按顺序拆下离合器分离轴承、分离叉与导向块。拆卸分离叉轴衬套及分离轴承时应使用专用拉器。

(3) 拆下输入轴前端垫圈(使其小径朝向导向套)及外锁环,并测量厚度。用专用拉器从轴承座中拉出球轴承(勿伤保持架)。拆下内锁环,并测量厚度。

(4) 拆下变速器前后壳体的连接螺栓,取下变速器后壳体,拆下传感器。

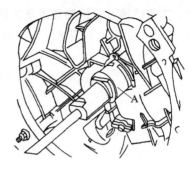

A—拔卸器

图 4.2-23 从轴承座中拉出球轴承

(5) 用图 4.2-24~图 4.2-27 所示方式,拆下中间轴固定螺栓、挡位锁止机构固定螺栓。再拆下输入轴、小齿轮轴、中间轴、换挡轴用换挡拨叉轴。

图 4.2-24 拆卸中继轴左、右固定螺栓

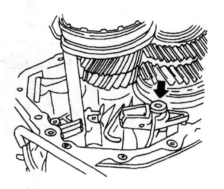

图 4.2-25 拆下挡位锁止机构固定螺栓

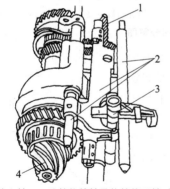

1—输入轴;2—选挡换挡轴及换挡拨叉轴、拨叉;
3—中间轴;4—小齿轮轴

图 4.2-26 齿轮轴的拆卸

A—轴;B—中间—选挡换挡轴

图 4.2-27 中间轴及选挡换挡轴的安装

三、变速器的装合、调整及要点

按照变速器解体相反的顺序进行总成的装合。装合变速器时,应将输入轴、小齿轮轴、中继轴、换挡轴、换挡拨叉轴及拨叉组组装好之后,再一起装入变速器壳内,并保证换挡拨叉轴安装位置正确。

1. 变速器输入轴拆装要点及其调整

图 4.2-28 所示为变速器输入轴分解图。

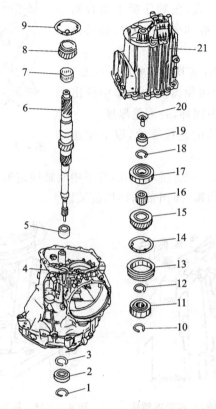

1、3、10、12、18—锁紧环；2—滚球轴承；4—外壳；5、19—输入轴滚针轴承；6—输入轴；7—第三挡齿轮滚针轴承；
8—第三挡齿轮；9—第三挡同步器锁环；11—第三、四挡同步器花键毂；13—第三、四挡同步器接合套；
14—第四挡同步器锁环；15—第四挡齿轮；16—第四挡滚针轴承；17—第五挡齿轮；20—塑料套；21—变速器盖

图 4.2-28　变速器输入轴分解图

（1）更换轴、轴承或同步器花键毂时，必须先测出轴上全部锁环的厚度（逐个作出标记），装配时必须是同等厚度的锁环，如图 4.2-29 所示。拆卸输入轴滚针轴承时，应使用专用工具，安装时压入深度外壳面 39.5 mm，如图 4.2-30 所示。安装第三、四挡齿轮前，应先将弹簧有钩的一端插入齿轮孔内。拆装第三、四挡同步器花键毂和第五挡齿轮时，应使用专用工具，花键毂内台肩较高的一面应朝向第三挡齿轮。

（2）同步器齿键磨损的检测方法：将同步器装入接合套内，用塞尺按 120°方位测量，三次测量的平均值不得大于 0.50 mm。

（3）装配输入轴时，应装好锁环，用专用工具将滚珠轴承压装在变速器壳中，并压到带有螺纹的轴上。

（4）输入轴的调整如表 4-4 所列。

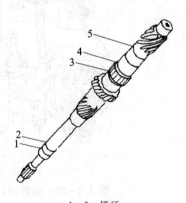

1～5—锁环

图 4.2-29　锁环的位置

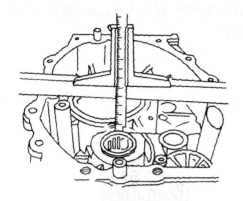

图 4.2-30 输入轴滚针轴承压入深度

表 4-4 锁环 4、5 的厚度

锁 环	厚度/mm	锁 环	厚度/mm
4	1.90	5	1.90
	1.93		1.93
	1.96		1.96
	1.99		1.99
	2.02		2.02
	2.05		

如图 4.2-31 所示,将输入轴夹持于台虎钳上,把专用工具放在三挡齿轮上。按图 4.2-32 所示,用塞尺测量轴的下凹槽尺寸 a,假设测量值 $a=29.5$ mm;按图 4.2-33 所示用深度量规测量变速器外壳端平面至滚柱轴承的距离 b,假设测量值 $b=27.08$ mm。求输入轴底部锁环 2 的厚度:由测量值 $X=a-b=29.5$ mm-27.08 mm$=2.42$ mm,由表 4-5 可查出锁环 2 的厚度、相应的锁环 1 的厚度,将选定的锁环 1 插入输入轴环形槽内,将滚珠轴承装到输入轴上即可,如图 4.2-34 所示。

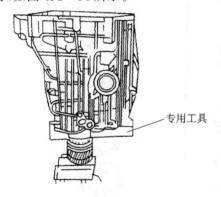

图 4.2-31 将输入轴夹在虎钳上

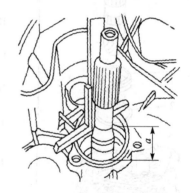

图 4.2-32 测量轴的上凹槽尺寸

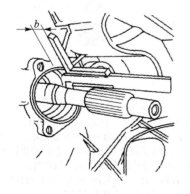

图 4.2-33 测量滚柱轴承座的尺寸

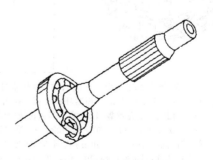

图 4.2-34 将锁环及滚珠轴承装到输入轴上

注：输入轴各锁环厚度锁环 1、2 按上述方法确定,锁环 3 为褐色,厚度为 2 mm。锁环 4、5 按表 4-4 中所列厚度选用(其厚度应是刚好插入环槽为宜)。

2. 变速器输出轴拆装要点

变速器输出轴分解图,如图 4.2-35 所示。

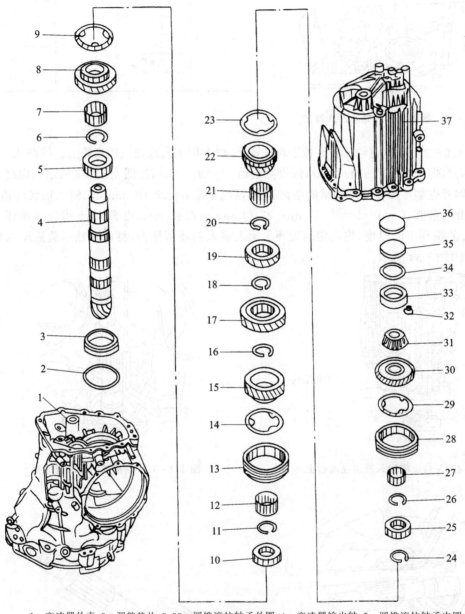

1—变速器外壳;2—调整垫片;3、33—圆锥滚柱轴承外圈;4—变速器输出轴;5—圆锥滚柱轴承内圈;
6、11、16、18、20、24、26—锁紧环;7—第一挡齿轮滚针轴承;8—第一挡齿轮;9—第一挡同步器锁环;
10—第一、二挡同步器花键毂;12—第二挡齿轮滚针轴承;13—第一、二挡同步器接合套;14—第二挡同步器锁环;
15—第二挡齿轮;17—第三挡齿轮;19—第四挡齿轮;21—第五挡齿轮滚针轴承;22—第五挡齿轮;
23—第五挡同步器锁环;25—第五挡、倒挡同步器花键毂;27—倒挡滚针轴承;28—第五挡、倒挡同步器接合套;
29—倒挡同步器锁环;30—倒挡齿轮;31—圆锥滚柱轴承内圈;32—圆锥滚柱轴承外围锁环套;
34—调整垫片 S4;35—止推盘;36—垫圈;37—变速器盖

图 4.2-35 变速器输出轴分解图

项目 4　离合器、变速器的装配与调试

(1) 需要更换圆锥滚柱轴承时,拆前应测定输出轴与输入轴的安装位置(装合时进行校对)。拆下输出轴前,应测出全部锁环的厚度(逐个作出标记),装配时必须是同等厚度的锁环。若更换轴上的零件,应重新测定每个锁环的厚度。轴上各锁环的位置如图 4.2-36 所示,输出轴上各锁环厚度如表 4-5 所列。

表 4-5　输出轴上各锁环厚度

锁环	厚度/mm						说明
1	2.00	2.02	2.04	2.06	2.08	2.10	(1) 锁环3、6在安装时应保持总厚度不变; (2) 锁环1、2、4、7的厚度可选择,安装时应保证其恰好插入环槽内; (3) 各锁环位置如图 4.2-36 所示
2	1.90	1.93	1.96	1.99	2.02		
3	2.50						
4	1.90	1.93	1.96	1.99	2.02		
5	1.87	1.90	1.93	1.96			
6	2.00						
7	1.90	1.93	1.96	1.99	2.02	2.05	

(2) 拆装轴上圆锥滚柱轴承内、外圈及第一、二挡同步器花键毂或第三、四挡齿轮时,均应使用专用工具。

(3) 安装第一、二、五挡及倒挡齿轮时,应先插入弹簧。注意:第一、二挡同步器花键毂台肩较高的一面朝向第二挡齿轮,第三挡齿轮有凹槽的一面朝向第四挡齿轮,第四挡齿轮的台肩朝向第三挡齿轮,第五挡和倒挡同步器花键毂台肩较高的一面朝向第五挡齿轮。

(4) 输出轴必须装合后才可装入变速器壳体中。

四、变速器操纵机构拆装与调整要点

1. 变速器内操纵机构拆装

变速器内操纵机构拆装如图 4.2-37 所示,第一、二挡及第三、四挡换挡拨叉均可单独更换,第五挡、倒挡拨叉与拨叉轴必须与支架一同更换。拆装换挡轴时,应使用专用工具,并按图 4.2-38 安装到位($a=1$ mm)。

2. 变速器外操纵机构的拆装与调整

(1) 拆装:如图 4.2-39 所示,拆卸前应先拆下前后中心支架、前后横梁、隔热板及空调机后中心管。装配时,应将水平弹簧7、弹簧压套8装入挡块内,并装在变速器操纵杆9上,而操纵杆9仅能在特定位置时才能插入球形铰架14内。

(2) 调整:如图 4.2-40 所示,使变速器处于空挡位置,拧松六角螺栓A。将变速器杆垂直放置,按图 4.2-41 所示,使球形挡上的一对悬臂与球形铰架与变速杆对中装入变速杆后拧紧螺母A(确保变速杆位置不变)。再试挂各个挡应顺利准确;否则,应拧松螺栓A,轻轻转动球形铰架予以调整。

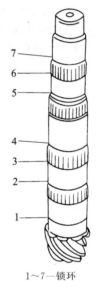

1~7—锁环

图 4.2-36　轴上各锁环的位置

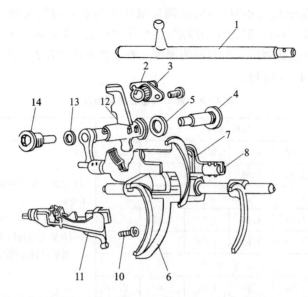

1—选挡换挡轴；2—倒挡锁止机构总成；3—固定倒挡锁止机构螺栓；4—中继轴右固定螺栓；
5—中继轴右垫片；6—第一、二挡换挡拨叉总成；7—第三、四挡换挡拨叉轴及拨叉总成；
8—第三、四挡换挡拨叉轴轴承；9—第五挡、倒挡换挡拨叉轴及拨叉总成；10—凸挡位锁止机构固定螺栓；
11—挡位锁止机构总成；12—中继轴（选挡换挡横轴）；13—中继轴左垫片；14—中继轴左固定螺栓

图 4.2-37 变速器内操纵机构零件分解图

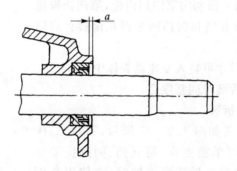

图 4.2-38 选挡换挡轴油封的安装位置

(3) 挡位锁止机构：

① 前进挡锁止机构的拆装如图 4.2-42 所示，需要换件时应更换总成。

② 倒挡锁止机构的拆装如图 4.2-43、图 4.2-44 所示。

4.2.3 注意事项

(1) 进行拆装调整前，必须熟悉所选车型变速器的构造、特点、技术要求及相关数据，不得盲目操作。

(2) 为了保证拆装调整的顺利进行，需要使用专用工具时，不得随意改用其他工具。

项目4 离合器、变速器的装配与调试

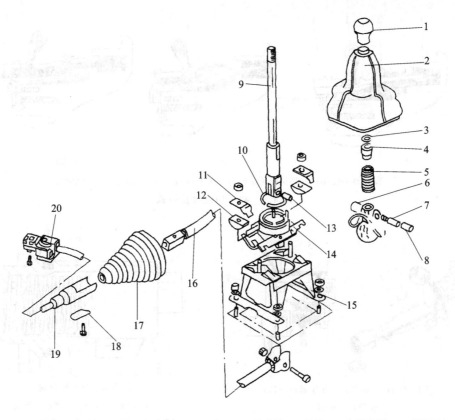

1—换挡手柄;2—防护套;3、10—锁紧环;4—密封套;5—压紧弹簧;6—挡块;7—水平弹簧;8—弹簧压套;9—变速器操纵杆;11—弹簧压片;12—键;13—衬套;14—球形铰架;15—支座总成;16—换挡后拉杆总成;17—防尘罩;18—夹紧片;19—换挡前拉杆总成;20—换挡铰链总成

图 4.2-39 变速器外操纵机构零件分解图

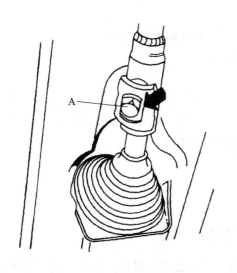

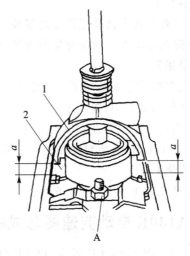

1—球形挡;2—球形铰架;A—螺栓

图 4.2-40 外操纵机构的调整　　图 4.2-41 球形挡的位置

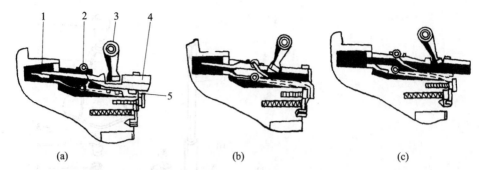

1—变速器前壳体；2—挡位锁止滚轮；3—选换挡横轴；4—锁止盘；5—拉紧弹簧

图 4.2-42　挡位锁止机构

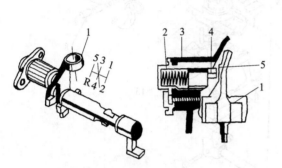

1—选挡换轴；2—弹簧；3—变速器前壳体；
4—锁销；5—止点

图 4.2-43　倒挡锁止机构

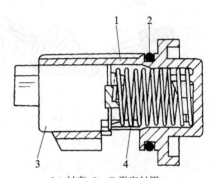

1—衬套；2—O形密封圈；
3—第五挡、倒挡锁止滑块；4—弹簧

图 4.2-44　倒挡锁止机构的安装

任务4.3　自动变速器的拆装

【任务目标】
(1) 了解典型轿车自动变速器的组成,主要零部件的构造、原理。
(2) 掌握典型车型自动变速器的拆装过程。

【任务描述】
目前,大多数轿车上配用了自动变速器。与手动变速器相比,消除了离合器操作和频繁换挡,使驾驶操作简便省力,提高了行车的安全性,也提高了发动机和传动系的寿命,避免了因外界负荷突增而造成过载和发动机熄火现象,降低排放污染。
以丰田佳美为例,分析自动变速器的拆装过程。

【任务实施】
内容详见4.3.1小节～4.3.6小节。

4.3.1　A140E自动变速器总成的分解

图4.3-1～图4.3-4所示为A140E自动变速器总成分解图。A140E自动变速器总成的分解过程如下：
(1) 如图4.3-1所示,拆卸散热器进、回油管接头。

项目 4 离合器、变速器的装配与调试

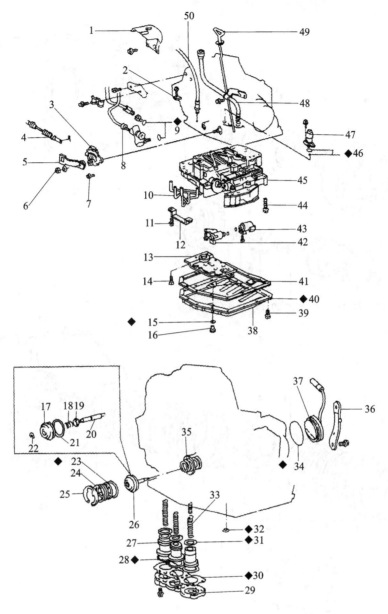

1—拉线支架;2—定位板;3—空挡启动开关;4—手控阀拉线;5—手控阀摇臂;
6—螺母;7、11、14、39、44—螺栓;8—散热器油管;9、15、23、34、46—O形密封圈;
10—阀体油管;12—油管保护支架;13—滤网;16—放油螺塞;
17—第二挡强制制动器B1活塞;18—制动带活塞内弹簧;19—垫圈;
20—制动带活塞推杆;21—密封油环;22、25—卡环;24—活塞端盖;
26—制动带活塞组件;27—蓄压器活塞;28、31—密封环;29—蓄压器盖;
30、40—衬垫;32—第二挡制动器密封圈;33—蓄压器弹簧;35—制动带活塞外弹簧;
36—保护支架;37—车速传感器;38—油底盘;41—磁铁;42—1号电磁阀;
43—2号电磁阀;45—阀体;47—锁止电磁阀;48—油管;49—油尺;50—节气门拉线

图 4.3-1 A140E自动变速器总成分解图(一)

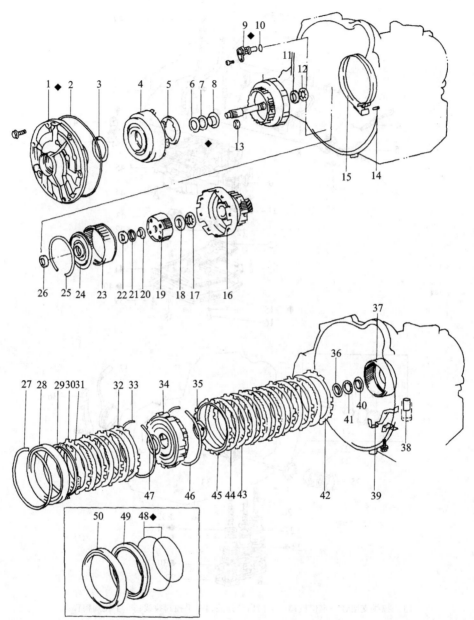

1—油泵；2、10、48—O形密封圈；3、5、35、47—止推垫圈；4—高、倒挡离合器C2；
6、8、11、18、20、22、26、36、40—轴承座圈；7、12、17、21、41—滚针轴承；9—主动齿轮盖；13—密封油环；
14—制动带销；15—第二挡强制制动器B1；16—中心轮及中心轮输入毂；19—前排行星轮；23—前排齿圈；
24—凸缘盘；25、27、33、46—卡环；28—第二挡制动器鼓组件；29—活塞回位弹簧；30、43—压盘；
31、44—摩擦片；32、42、45—凸缘盘；34—单向离合器F2和后排行星轮；37—后排齿圈；
38—第二挡制动器鼓定位销；39—第二挡制动器导向装置；49—第二挡制动器活塞；50—第二挡制动器鼓

图 4.3-2　A140E自动变速器总成分解图（二）

项目4　离合器、变速器的装配与调试

(2) 拆卸空挡启动开关：拆下手控阀摇臂,撬开锁止垫片,拆下锁紧螺母,拧下两个螺栓,取下空挡启动开关。

(3) 拆卸锁止(SL)电磁阀：断开连接器,拆下两个螺栓和电磁阀。

(4) 拆下节气门拉线支架和电磁阀线束固定螺栓。

(5) 拆下 2 号车速传感器：断开连接器,拆下 2 个螺栓和保护支架,取下车速传感器。

(6) 支起变速器,拆下 15 个油底盘螺栓,取下油底盘和衬垫。**注意**：不要翻转变速器,以免杂质污染阀体。

(7) 检查盘中的微粒杂质,并进行分析。铁质(有磁性的)：轴承、齿轮和压盘等磨损。黄铜(非磁性的)：止推垫片磨损。

(8) 拆下油管保护支架和滤网,断开 1 号、2 号电磁阀连接器,用大螺钉旋具撬起油管两端,拆下 4 个油管。

(9) 拆下手控阀限位弹簧片,取出手控阀。

(10) 旋松 12 个螺栓,拆下节气门拉线和电磁阀线束,拆下阀体。

(11) 拆卸蓄压器活塞和弹簧。

(12) 检测二挡强制制动器 B1 的活塞行程：标准值为 1.5～3.0 mm,若行程超限,则更换活塞推杆或制动带。

(13) 拆下二挡强制制动器 B1 的活塞。

(14) 拆卸油泵和高、倒挡离合器 C2。从油泵上取下高、倒挡离合器 C2,取出油泵后的座圈和离合器上的止推垫圈。

(15) 拆下前进离合器 C1,取下滚针轴承和座圈。

(16) 用小螺钉旋具从油泵底座的螺栓孔中将销子推出,拆下制动带。

(17) 拆下前排齿圈,取出前排行星架、滚针轴承和座圈。

(18) 取出中心轮输入毂、中心轮和单向离合器 F1。

(19) 竖起变速器壳体,拆下二挡强制制动器的导向装置。

(20) 拆下二挡制动器 B2 卡环和制动器鼓(若拆卸困难,则可借助木槌轻轻敲打)。

(21) 拆出二挡制动器 B2 活塞回位弹簧、压盘、摩擦片和凸缘盘。拆下二挡制动器 B2 制动鼓定位销。

(22) 拆下单向离合器 F2 外圈卡环,取出单向离合器 P2 和后排行星架,取下两侧止推垫片。

(23) 取出后排齿圈、滚针轴承及座圈。

(24) 检查低、倒挡制动器 B3 活塞的工作情况：从壳体油道吹入压缩空气,活塞应能正常工作,否则需进行拆检。

(25) 拆下凸缘盘卡环,取出凸缘盘、压盘和摩擦片。

(26) 如图 4.3-3 所示,翻转变速器壳,拆下后端的 11 个螺栓,用塑料锤敲击超速排四周,拆下超速排总成。

(27) 取出超速排制动器毂、超速排行星齿轮和中间轴总成。

(28) 拆下活塞回位弹簧,从壳体油道吹入压缩空气,吹出低、倒挡制动器活塞。注意：不

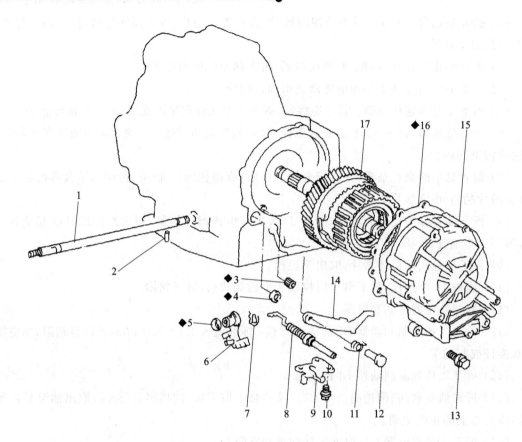

1—手动阀轴;2—销;3—超速制动器密封垫圈;4—超速离合器密封垫圈;5—轴套;
6—手控阀拨板;7、11—弹簧;8—闭锁控制杆;9—闭锁支架;10、13—螺栓;12—闭锁销;
14—闭锁爪;15—超速排壳体;16—衬垫;17—超速排行星轮和中间轴

图 4.3-3　A140E 自动变速器总成分解图(三)

要使活塞倾斜,若吹不出活塞则可用尖嘴钳夹出。

(29) 取下超速离合器 C 和超速制动器 BO 的密封垫圈。

(30) 拆卸低、倒挡制动器 B3 活塞回位弹簧。

(31) 拆下停车闭锁爪支架、控制杆,取出锁销、弹簧和闭锁爪。

(32) 如图 4.3-4 所示,拆卸手控阀轴及油封。拆下差速器盖,分解差速器总成。

(33) 拆左侧(LH)轴承座:拆下 6 个螺栓,用塑料锤轻轻敲击,拆下轴承座,从轴承座上取下 O 形密封圈。

(34) 拆下右侧轴承盖:拆下 2 个轴承盖螺栓,取下轴承盖。

(35) 取出差速器总成、轴承座圈和调整垫片。

(36) 检测主动齿轮预紧力。标准值范围为 0.5~0.8 N·m,最小值范围为 0.1~0.2 N·m。

(37) 拆下主动齿轮盖,拆卸中间传动齿轮,拆下挡油盘和隔套,拆下转速传感器转子,拆卸主动齿轮总成。

项目4　离合器、变速器的装配与调试

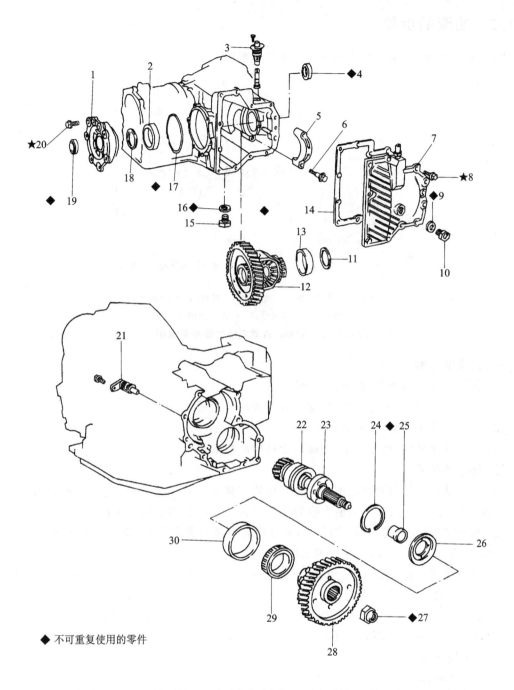

◆ 不可重复使用的零件

1—左侧轴承座；2、13—轴承外圈；3—车速表从动齿轮；4—右侧油封；5—轴承盖；6、8、20—螺栓；
7—差速器盖；9、16—密封垫圈；10—加油螺塞；11、18—调整垫片；12—差速器总成；14—衬垫；
15—放油螺塞；17—O形密封圈；19—左侧油封；21—主动齿轮盖；22—主减速器主动齿轮；
23、29—轴承；24—卡环；25—油封；26—垫片；27—螺母；28—主减速器从动齿轮；30—轴承外圈

图4.3-4　A140E自动变速器总成分解图

4.3.2 油泵的拆检

图 4.3-5 所示为 A140E 自动变速器油泵分解图。

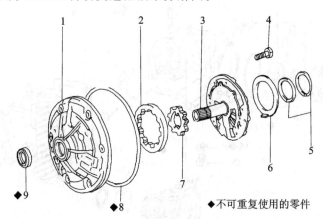

1—泵体；2—从动齿轮；3—固定轴；4—螺栓；5—密封油环；
6—止推垫圈；7—主动齿轮；8—O 形密封圈；9—油封

图 4.3-5 A140E 自动变速器油泵分解图

一、油泵的分解

(1) 拆下 2 个密封油环,取下止推垫圈。

(2) 旋下 7 个螺栓,拆开油泵,用螺钉旋具拆出前油封。

(3) 拆下 2 个密封油环,取下止推垫圈。

(4) 旋下 7 个螺栓,拆开油泵,用螺钉旋具拆出前油封。

二、油泵的检测

(1) 检查从动齿轮与泵体之间的间隙:将从动齿轮一侧贴紧泵体,用塞尺测量另一侧间隙。标准值为 0.07～0.15 mm,最大值为 0.3 mm。若间隙超限,则应更换油泵。

(2) 检查主、从动齿轮顶隙:测量主、从动齿轮齿顶与泵体月牙之间的间隙。标准值为 0.11～0.14 mm,极限值为 0.3 mm。超限则更换油泵。

(3) 检查端隙:使用钢直尺和塞尺测量端隙。标准值为 0.02～0.05 mm;最大值为 0.1 mm。端隙过大,可更换齿轮。

(4) 用内径百分表检测泵体轴套内径。最大值为 38.18 mm,超限则更换油泵。

(5) 用内径百分表检测泵盖轴套内径。最大值为:前 21.57 mm,后 27.07 mm。若内径超限,则应更换油泵。

三、油泵的组装

清洗油泵组件,并用压缩空气疏通油道,油泵上的油孔位置如图 4.3-6 所示。按拆卸的逆顺序进行装配。应注意:

(1) 将垫圈涂上凡士林,对准标记,安装好止推垫圈。

(2) 在油泵上安装 2 个密封油环时,环口不要过度扩张,且油环应能活动自如。

(3) 检查主、从动齿轮。转动主、从动齿轮,确保其转动平顺。注意不要损坏油封。

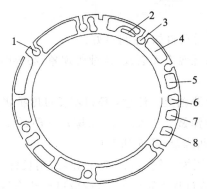

1—螺栓孔;2—通高、倒挡离合器C2;3—泄油孔;4—油泵进油口;
5—油泵出油口;6、8—通润滑油道;7—通前进离合器C1

图 4.3-6　A140E 自动变速器油泵油孔位置图

4.3.3　A140E 自动变速器换挡执行元件的拆检

一、离合器的拆装

以前进离合器 C1 为例进行分析,图 4.3-7 所示为 A140E 自动变速器前进离合器分解图。

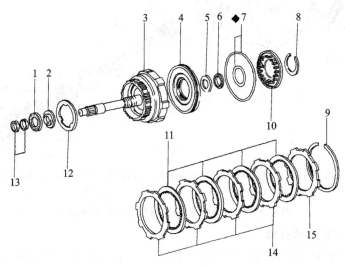

1、6—滚针轴承;2、5—轴承座圈;3—前进离合器壳;4—离合器活塞;7—O形密封圈;8、9—卡环;
10—回位弹簧;11—摩擦片;12—止推垫圈;13—密封油环;14—压盘;15—凸缘盘

图 4.3-7　A140E 自动变速器前进离合器分解图

1. 前进挡离合器的分解

(1) 检测前进离合器活塞行程:吹入压缩空气,用长杆百分表或专用工具进行检测。标准值为 1.41～1.82 mm,超限应检查各组件。

(2) 拆下卡环,取出凸缘盘、压盘和摩擦片。

(3) 压缩活塞回位弹簧,用卡环钳拆下卡环,取出回位弹簧。

(4) 用压缩空气吹出活塞,取下 2 个 O 形密封圈。

(5) 若有必要,可以从前进离合器轴上拆下 2 个密封油环。

2. 前进挡离合器的检查

(1) 检查活塞单向阀：应活动自如，密封良好。

(2) 检查压盘、摩擦片、凸缘盘有无裂纹、烧蚀等现象，必要时更换。

3. 前进挡离合器的组装

(1) 将两个油环装到离合器轴上。注意：环口不要过度扩张，且环应能转动自如。

(2) 安装活塞和活塞回位弹簧。装入压盘、摩擦片和凸缘盘，顺序为：P（压盘）—D（摩擦片）—P—D—P—D—P—D—凸缘盘（凸面朝下）。

(3) 检查活塞行程：吹入压缩空气（392～785 kPa），用长杆百分表或专用工具进行检测。标准值为 1.41～1.82 mm。若行程不符合要求，则应更换凸缘盘。

二、带式制动器的拆装

以二挡强制制动器 D1 为例进行分析，图 4.3-8 所示为二挡强制制动器分解图。

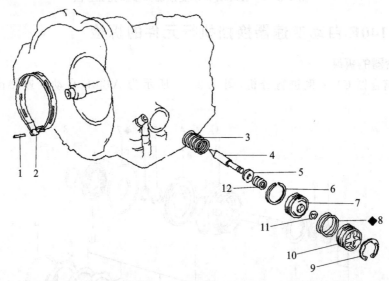

1—制动带销；2—二挡强制制动器；3—外弹簧；4—活塞推杆；5—垫圈；6—密封油环；
7—活塞；8—O 形密封圈；9、11—E 形卡环；10—活塞盖；12—内弹簧

图 4.3-8 A140E 自动变速器二挡强制制动器

1. 二挡强制制动器的分解

从活塞上拆下密封油环。用尖嘴钳拆下 E 形卡环，取出弹簧垫圈和活塞推杆。

2. 二挡强制制动器的检查和组装

(1) 检查制动带。若制动带有剥落、褪色或打印的号码部分磨掉，则应更换。

(2) 选择活塞推杆。若活塞行程不符合要求（1.5～3.0 mm），则应更换活塞推杆。活塞推杆有两种规格，长度分别为 72.9 mm 和 71.4 mm。

(3) 安装活塞推杆。将垫圈、弹簧装到活塞推杆上，安装 E 形卡环。

(4) 在密封油环上涂自动变速器油，装上油环。注意：油环开口间隙不得超过 5 mm。

三、片式制动器的拆装

以二挡制动器 B2 为例进行分析，图 4.3-9 所示为 A140E 自动变速器二挡制动器分解图。

(1) 拆卸二挡制动器活塞：从油孔吹入压缩空气，吹出活塞，取下 2 个 O 形密封圈。

(2) 检查二挡制动器的压盘、摩擦片、凸缘盘有无破损、烧蚀等现象，必要时更换。

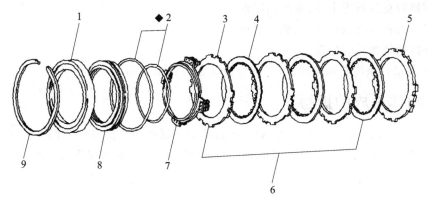

1—二挡制动器鼓;2—O形密封圈;3—压盘;4—摩擦片;5—凸缘盘;
6—压盘和摩擦片组件;7—活塞回位弹簧;8—活塞;9—卡环

图 4.3-9　A140E 自动变速器二挡制动器分解图

(3) 安装二挡制动器活塞：将 2 个新 O 形密封圈涂上自动变速器油,装到二挡制动器活塞上,压入活塞。(注意不要损伤 O 形密封圈)

4.3.4　A140E 自动变速器行星齿轮组件的检修

下面以前行星排为例进行分析,图 4.3-10 所示为 A140E 自动变速器前行星排分解图。

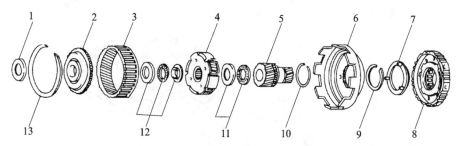

1—轴承座圈;2—凸缘盘;3—前排齿圈;4—前排行星轮;5—中心轮;6—中心轮输入毂;7—止推垫圈;
8—单向离合器 F1 和二挡制动器 B2 毂;9、10、13—卡环;11、12—滚针轴承和轴承座圈

图 4.3-10　A140E 自动变速器前行星排分解图

一、单向离合器 F1 和中心轮的拆检与组装

(1) 检查单向离合器的工作情况：用左手握住中心轮,右手转动二挡制动器毂,应能顺时针转动而逆时针锁止。

(2) 拆下二挡制动器毂和单向离合器 F1,取下止推垫圈。

(3) 拆下卡环,取下中心轮。

(4) 拆下中心轮轴上的卡环。

(5) 按分解的逆顺序组装中心轮和单向离合器。

(6) 检查单向离合器的动作情况：握住中心轮,转动单向离合器毂,应能顺时针方向转动而逆时针方向锁止。

二、前行星排齿圈的拆检

(1) 用内径百分表检测齿圈凸缘盘轴孔内径。标准值为 19.025～19.050 mm,超限则更换凸缘盘。

(2) 用螺钉旋具拆下卡环,取出凸缘盘。
(3) 组装前排齿圈和凸缘盘,装入卡环。

三、前排行星齿轮的检查

用塞尺测量行星齿轮轴向间隙,标准值为 0.20～0.50 mm。

4.3.5 阀体总成的拆检

图 4.3-11～图 4.3-17 所示为 A140E 自动变速器阀体零部件位置图及相关技术数据。应特别注意各调压弹簧调整垫片的数量,因为调整垫片的厚度和数量直接影响调整压力。

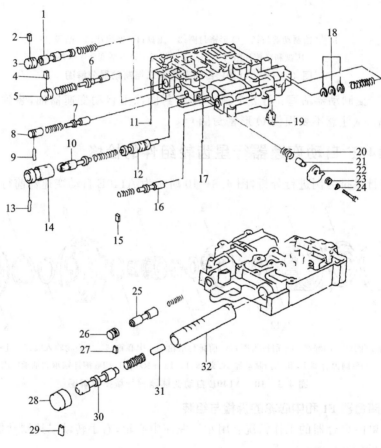

1—节气门阀调压阀;2、4、15、27、29—定位块;3、5、8、26、28—堵塞;
6—蓄压器调压阀;7—低挡调压阀;9、13—定位销;10—降挡柱塞;
11、17—球阀(钢);12—节气门阀;14—节气门阀套筒;16—中间调压阀;
18—调整垫圈;19—定位器;20—弹簧;21—销;22—凸轮;23—垫圈;
24—弹簧垫片;25—车速反馈阀;30—锁止阀;31—控制阀;32—锁止阀套筒

图 4.3-11 A140E 自动变速器上阀体分解图

一、阀体总成的拆卸

(1) 拆卸电磁阀:拆下 1 号和 2 号电磁阀,从电磁阀上拆下 O 形密封圈。

(2) 拆上阀体盖:拧下 9 个螺栓,取下上阀体盖,取下滤网、隔板和 2 个衬垫、挡块等,从上阀体上拆下 3 个螺栓。

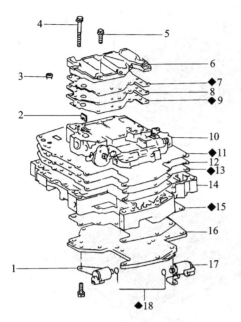
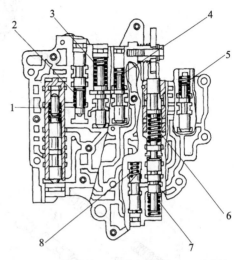

1—1号电磁阀；2—套筒定位块；3—滤网；
4、5—螺栓；6—上阀体盖；
7、9、11、13、15—衬垫；8、12—隔板；
10—上阀体；14—下阀体；16—下阀体盖；
17—2号电磁阀；18—O形密封圈

图 4.3-12　A140E自动变速器阀体总成分解图

1—锁止阀及其弹簧；2—节气门阀调压阀及其弹簧；
3—蓄压器调压阀及其弹簧；
4—低挡调压阀及其弹簧；5—中间调压阀及其弹簧；
6—降挡柱塞及其弹簧；7—节气门阀及其弹簧；
8—车速反馈阀及其弹簧

图 4.3-13　A140E自动变速器上阀体各控制阀及其弹簧装配位置图

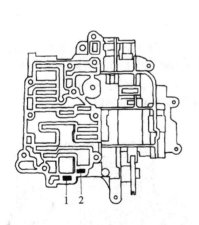
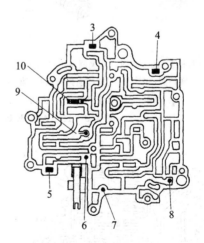

1~5—定位块；6、7—定位销；8、9—钢质球阀；10—定位器

图 4.3-14　A140E自动变速器上阀体球阀、定位块、定位销位置图

(3) 拆下阀体盖：拧下螺栓，取下下阀体盖和衬垫。从下阀体上拆下3个螺栓，将下阀体和隔板一起拿下。注意：单向阀不要掉出。取下隔板和衬垫。

(4) 清洗、检查上下阀体，如有必要，可进一步分解。

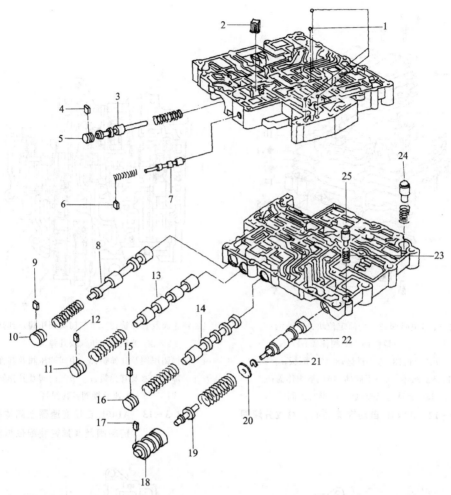

1—球阀(橡胶);2—滤网;3—次调压阀;4、6、9、12、15、17—定位块;5、10、11、16—堵塞;7—锁止信号阀;8—第三、四挡换挡阀;13—第一、二挡换挡阀;14—第二、三挡换挡阀;18—主调压阀套筒;19—主调压阀反馈柱塞;20—垫圈;21—调整垫圈;22—主调压阀;23—弹簧;24—散热器旁通阀;25—限压阀

图 4.3-15　A140E 自动变速器下阀体分解图

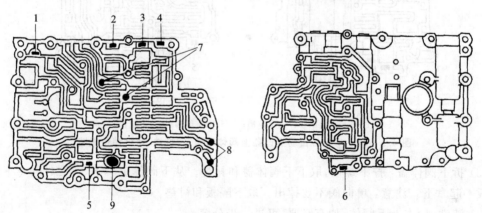

1~6—定位块;7、8—橡胶球阀;9—滤网

图 4.3-16　A140E 自动变速器下阀体球阀、定位块位置图

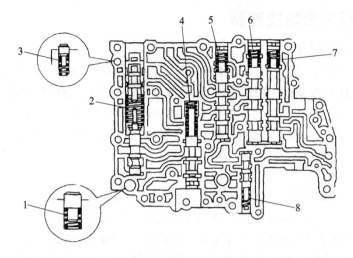

1—限压阀及其弹簧;2—主调压阀及其弹簧;3—散热器旁通阀及其弹簧;4—次调压阀及其弹簧;
5—第二、三挡换挡阀及其弹簧;6—第一、二挡换挡阀及其弹簧;7—第三、四挡换挡阀及其弹簧;8—锁止信号阀及其弹簧

图 4.3-17　A140E 下阀体各控制阀及其弹簧装配位置图

二、阀体总成的组装

（1）将隔板和 2 个新衬垫放在下阀体上。注意：2 个衬垫相似，但有区别故不能互换，如图 4.3-18 所示。

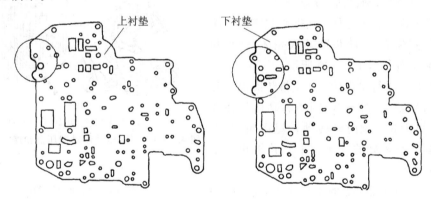

图 4.3-18　上、下阀体衬垫

（2）将下阀体和隔板、衬垫放到上阀体上。注意：握住下阀体、隔板和衬垫，使其不要分开，对准阀体、隔板和衬垫上的螺栓孔。

（3）安装并用手拧紧下阀体上的 3 个螺栓以固定上阀体。安装下阀体盖：装上新衬垫，安装并用手拧紧下阀体 10 个螺栓。

（4）安装并用手拧紧上阀体 3 个螺栓。安装上阀体盖上的 2 个衬垫（相同）、隔板、滤网、定位块等。安装上阀体盖，并用手拧紧 9 个螺栓。

（5）安装电磁阀：在电磁阀阀体上装上新 O 形密封圈，装入 1、2 号电磁阀，用手拧紧 3 个螺栓。

（6）拧紧上、下阀体连接螺栓（下阀体 16 个，上阀体 12 个），拧紧力矩为 5.4 N·m。

4.3.6　安装行星齿轮变速器

（1）安装手控阀摇臂轴。

（2）安装停车闭锁爪：放入停车闭锁爪和弹簧，弹簧两端钩到壳体和爪上，装入销子。

（3）安装停车闭锁控制杆和闭锁爪支架，并按规定力矩拧紧螺栓，拧紧力矩为 7.4 N·m。检查停车闭锁爪的工作情况当控制拨板在 P 位时，确保中间传动齿轮已被锁止。

（4）安装低、倒挡制动器 B3 活塞：装上 2 个 O 形密封圈，将活塞装入壳体（弹簧座侧朝上）。安装活塞回位弹簧和卡环。

（5）安装超速排总成：

① 装入超速制动器、离合器垫圈和超速制动器鼓，装上新的壳体衬垫。

② 检测超速排壳体上平面到输出齿轮平面的距离，约为 24 mm。

③ 将超速排总成装到变速器壳上，安装并拧紧螺栓，力矩为 25 N·m。

（6）检查中间轴轴向间隙：确保中间轴轴向间隙为 0.49～1.51 mm；若轴向间隙超限，应重新安装中间轴。

（7）如图 4.3-19 所示，安装低、倒挡制动器 B3：装内凸缘盘、压盘、摩擦片和外凸缘盘（平面朝向活塞），顺序为：凸缘盘—D—P—D—P—D—P—D—凸缘盘。

① 装入卡环，确保卡环端口不和缺口对齐。

② 检查低、倒挡制动器 B3 的工作情况：从油孔吹入压缩空气，确保活塞移动自如。

（8）后排齿圈装入壳体：在轴承和座圈上涂上凡士林装到齿圈上，将齿圈装入壳体，轴承和座圈的安装位置如图 4.3-20 所示。

（9）安装后排行星齿轮：将止推垫圈涂上凡士林装到行星架上，对齐低、倒挡制动器摩擦片齿，装入行星齿轮。顺时针转动行星齿轮，装上单向离合器 F2（较亮的一侧朝上），并将止推垫圈装到行星架上。

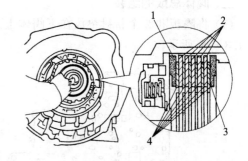

1、3—凸缘盘；2—压盘；4—摩擦片

图 4.3-19　低、倒挡制动器压盘和摩擦片位置图

（10）单向离合器 F2 的工作情况：转动行星架，应顺时针转动自如而逆时针转动锁止。装入卡环，卡环端口不和壳体缺口对正。

（11）安装二挡强制制动器导向装置。装入二挡制动器 B2 的凸缘盘（平面朝向油泵）、压盘和摩擦片，顺序为：凸缘盘—D—P—D—P—D—P。安装活塞回位弹簧和二挡制动鼓。用锤柄压缩活塞回位弹簧，将卡环装入槽中。装一挡制动鼓定位销，直至其与制动鼓接触。

（12）检查二挡制动器 B2 工作情况：从油孔吹入压缩空气，活塞应正常移动。

（13）安装单向离合器 F1 和二挡制动器毂。将二挡制动器 B2 的摩擦片齿对齐，装入制动器毂。

（14）检查二挡制动器毂平面与后排行星齿轮的距离，约为 5 mm。

（15）转动中心轮，将中心轮和中心轮毂装入单向离合器 F1。

（16）组装前排行星齿轮和齿圈：将轴承、座圈涂上凡士林，分别装到齿圈和行星架上，再将行星齿轮装到齿圈上。

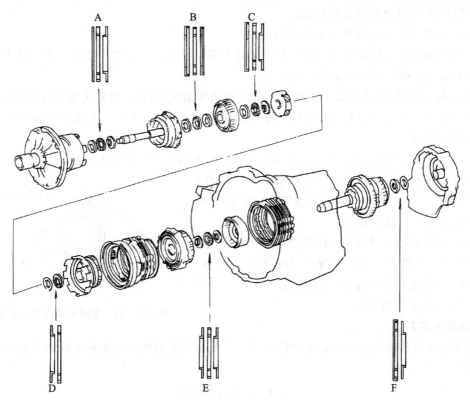

图 4.3-20　A140E 自动变速器滚针轴承和座圈安装图

(17) 行星齿轮组件装到中心轮上：若行星齿轮和其他组件安装正确，则齿圈凸缘将与中间轴轴肩或下部平齐。

(18) 将轴承座圈涂上凡士林装到齿圈上。

(19) 安装二挡强制制动器：将制动带放入壳体，从油泵螺栓孔装上销子。

(20) 安装前进挡离合器 C1 和高/倒挡离合器 C2。

(21) 安装油泵。

(22) 用百分表检测输入轴轴向间隙，标准间隙为 0.3～0.9 mm。若间隙超限，应重新选择油泵轴端部的轴承座圈。有两种不同厚度的座圈可供选择，厚度分别为 0.8 mm 和 1.4 mm。检查输入轴工作情况，应转动自如。

(23) 安装二挡强制制动器活塞。检查二挡强制制动器活塞行程：标准值为 1.5～3.0 mm，超限则更换推杆。活塞推杆有两种规格，长度分别为 72.9 mm 和 71.4 mm。

(24) 安装蓄压器活塞和弹簧，装上蓄压器盖并拧紧螺栓。

(25) 安装二挡制动器油孔密封垫圈（新）。

(26) 安装节气门拉线，将拉线插入壳体，小心勿损坏 O 形密封圈，并检查是否完全到位。安装电磁阀接线。

(27) 安装阀体：用手扳下凸轮，装上节气门拉线，将阀体装在正确位置上。**注意**：不要将线缠在一起。

(28) 用扭力扳手拧紧阀体上的螺栓，力矩为 10 N·m。接上换挡电磁阀连接线：1 号电磁阀为白短线,2号电磁阀为黑长线。

(29) 安装手控阀阀体和锁止弹簧片。

(30) 安装油管：用塑料锤将油管敲入规定位置。小心不要折弯、损坏油管。安装油管保护支架和滤网。螺栓拧紧力矩为 10 N·m。

(31) 装上磁铁,注意不要干扰油管。安装衬垫和油底盘,螺栓拧紧力矩为 4.9 N·m。

(32) 安装 2 号车速传感器(装上新的 O 形密封圈)及保护支架。安装电磁阀线束和节气门拉线定位支架。

(33) 安装锁止(SL)电磁阀：装上 O 形密封圈,把锁止电磁阀插入孔中,拧紧 2 个螺栓。

(34) 安装空挡启动开关：将空挡启动开关装到手控阀摇臂轴上,装上密封垫圈和锁止垫片,拧紧螺母,力矩为 6.9 N·m,锁定锁片。

(35) 调整空挡启动开关：将凹槽与空挡基准线对齐,如图 4.3-21 所示,拧紧 2 个螺栓,力矩为 5.4 N·m。

(36) 安装散热器进、回油管接头等。

(37) 安装手控阀摇臂。

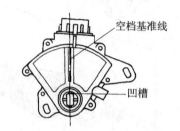

图 4.3-21 空挡启动开关安装位置

【项目评定】

为了解学生此项目的掌握情况,可通过表 4-6 对学生的理论知识和实际动手能力进行定量的评估。

表 4-6 项目评定表

序 号	考核内容	规定分	评分标准
1	正确使用工具、仪器	10 分	工具使用不当扣 10 分
2	正确的拆装顺序	40 分	拆装顺序错误酌情扣分
	零件摆放整齐		摆放不整齐扣 5 分
	能够清楚各个零件的工作原理		叙述不出零件的工作原理扣 5 分
3	正确组装	30 分	组装顺序错误酌情扣分
4	组装后能正常工作	10 分	不能工作扣 10 分
			能部分工作扣 5 分
5	整理工具,清理现场	10 分	每项扣 2 分,扣完为止
	安全用电,防火,无人身、设备事故		如不按规定执行,本项目按 0 分计
6	分数合计	100 分	

习 题

(1) 简述桑塔纳离合器总成的拆卸与分解。

(2) 简述离合器的检查与调整。

(3) 简述两轴式手动变速器的拆装。

(4) 简述三轴式手动变速器的拆装。

(5) 简述自动变速器的拆卸与装配。

项目 5　汽车底盘的装配与调试

【项目要求】
(1) 熟悉万向传动装置的拆卸与解体。
(2) 掌握主要零件的结构及其相互装配关系。
(3) 熟悉万向传动装置的维护、装配和调整。
(4) 熟悉主减速器和差速器的拆卸与解体,掌握主要零件的结构及其相互装配关系。
(5) 熟悉驱动桥的维护、装配和调整。
(6) 熟悉转向桥的拆卸与解体。
(7) 掌握主要零件的结构及其相互装配关系。
(8) 熟悉转向桥的维护、装配。
(9) 熟悉转向器及传动机构的拆卸与解体。
(10) 掌握主要零件的结构及其相互装配关系。
(11) 熟悉转向系统的维护、装配和调整。
(12) 熟悉制动系统的拆卸与解体。
(13) 掌握主要零件的结构及其相互装配关系。
(14) 熟悉制动系统的维护、装配和调整。

【项目解析】
汽车底盘主要是由传动装置、主减速器、驱动桥、转向系、制动系等组成,此项目内容多且复杂。通过拆装与调试过程的学习,学生的专业水平一定会得到大幅提高。

任务 5.1　传动轴的拆装

【任务目标】
(1) 掌握传动轴及主要部件的拆装要领。
(2) 熟悉万向传动装置在实车上的安装及注意事项。

【任务描述】
以桑塔纳及东风 EQ1090E 型汽车传动轴为例,讲述传动轴的拆装。

【任务实施】
内容详见 5.1.1 小节～5.1.3 小节。

5.1.1　前轮驱动传动轴的拆装

下面以桑塔纳轿车为例讲解前轮驱动传动轴的拆装。

一、由车上拆下传动轴

(1) 将车顶起,拆下驱动轮。
(2) 拧松传动轴轴头固定螺母。

(3) 拆下传动轴与接合盘的紧固螺栓。

(4) 将专用压器装在轮毂的凸缘上,压出传动轴总成。

注意:

(1) 拆卸传动轴时,应在球形接头与前悬架下摆臂的接合处做好标记。

(2) 在拆卸过程中不允许使用加热方法,以免损坏机件。

(3) 在压出传动轴时,要注意变速器与等角速万向节的空间,以免将转动轴压弯。

二、传动轴总成的分解

传动轴总成的分解如图 5.1-1 所示。

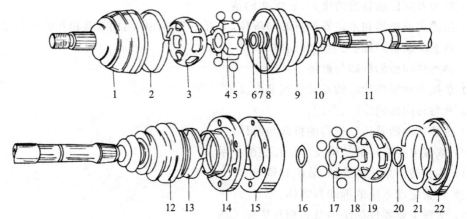

1—RF 外星轮;2、10、13—夹箍;3—RF 球笼;4—RF 内星轮;5、18—钢球;6、20—卡簧;
7—中间推圈;8、16—碟形弹簧;9、12—橡胶护套;11—花键轴;14—VI 护盖;
15—VL 外星轮;17—VI 内星轮;19—VL 球笼;21—密封垫片;22—塑料护罩

图 5.1-1 桑塔纳传动轴分解

(1) 用钢锯将万向节夹箍锯开,取下防尘罩。

(2) 用铜棒从传动轴上敲下外等速万向节总成。

(3) 取下卡簧,用专用压器压出等速万向节。

(4) 在球笼和外星轮上作出标记。

(5) 从球笼和外星轮中,取出钢球,如图 5.1-2 所示。

(6) 转动球笼,将球笼上的方孔转至与外星轮乘垂直位置,取下球笼和内星轮,如图 5.1-3 所示。

(7) 拆下内等速万向节,转动球笼和内星轮。

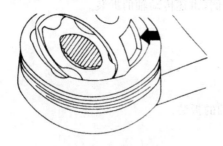

图 5.1-2 取下钢球

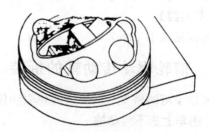

图 5.1-3 取下球笼

(8) 最后从球笼内取出内星轮。

三、等速万向节的组装

组装万向节时,内星轮花键上的倒角应朝向传动轴靠肩。

1. 外万向节的组装

(1) 在外星轮、球笼和内星轮上涂上润滑油。
(2) 将球笼和内星轮一起装入外星轮内。
(3) 将钢球压入,装上卡簧。

2. 内万向节的组装

(1) 在球笼和内星轮上涂上润滑油。
(2) 将内星轮装入球笼,并将钢球压入。
(3) 将组装好的球笼垂直放入外星轮内,用力转动球笼,使组装好的球笼完全转入外星轮内,如图5.1-4、图5.1-5所示。

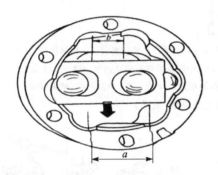
图 5.1-4 将装好钢球的球笼垂直装入壳体

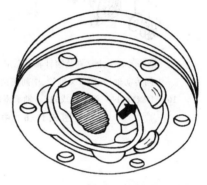
图 5.1-5 将装好钢球的球毂转入球笼内

四、内外等速万向节与传动轴的组装

(1) 套上防尘罩,装上碟形弹簧。
(2) 将内万向节压入传动轴,并装上卡簧。
(3) 安装外等速万向节。
(4) 装上夹箍,将防尘罩固定好。
(5) 拧紧固定螺母(其拧紧力矩为230 N·m)。

5.1.2 后轮驱动传动轴的拆装

下面以东风牌货车为例讲解后轮驱动传动轴的拆装。

中间传动轴及支承总成(前节)如图5.1-6所示。传动轴及套管叉总成(后节)如图5.1-7所示。

一、由车上拆卸传动轴

(1) 检查传动轴总成上的装配标记是否齐全。若不齐或不清晰,应在拆卸时做好标记。
(2) 拆下传动轴与差速器万向节凸缘上的连接螺栓,将后传动轴的后端拆下。
(3) 拆下后传动轴与中间传动轴的连接螺栓,取下后传动轴总成。
(4) 卸下中间支承架与车架横梁上的紧固螺栓。
(5) 拆下中间轴凸缘叉与变速器二轴凸缘上的连接螺栓,取下中间传动轴。

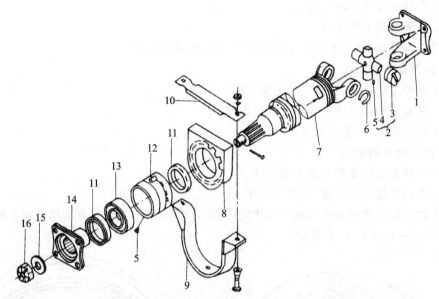

1—凸缘叉;2—十字轴及滚针轴承总成;3—滚针轴承;4—十字轴;5—滑脂嘴;6—孔用弹挡圈;
7—中间传动轴(万向节叉轴管、中间花键轴焊接总成);8—中间支承橡胶垫环;9—中间支承立架;
10—上盖板;11—油封总成;12—轴承座;13—中间支撑轴承;14—凸缘;15—垫圈;16—槽形螺母

图 5.1-6　中间传动轴及支承总成(前节)

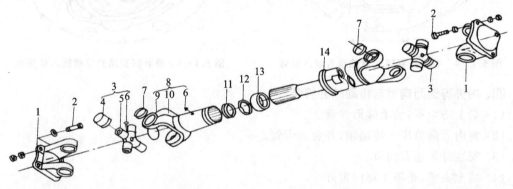

1—凸缘叉;2—螺栓;3—十字轴及滚引轴承总成;4—滚针轴承总成;5—十字轴;6—滑油嘴;7—孔用弹性挡圈;
8—套管叉总成;9—垫片;10—套管叉;11—套管叉油封;12—油封垫片;13—油封盖;14—传动轴总成

图 5.1-7　传动轴及套管叉总成(后节)

二、滑动花键的分解

拆下伸缩套的油封盖,从伸缩套中将花键轴抽出,然后取下油封、油封垫和油封盖。

三、万向节的分解

(1) 用卡簧钳将弹性挡圈取出。

(2) 用锤子轻敲凸缘的耳根部,将滚针轴承震出,取出十字轴。

四、中间支承的分解

(1) 拆下中间支架的固定螺栓。

(2) 推出中间支架总成的前后轴承盖和橡胶垫圈。

(3) 取出前后油封及轴承。

五、万向节的装复

(1) 将十字轴插入万向节凸缘的耳孔内。
(2) 将滚针轴承放入耳孔,并套在十字轴轴颈上。
(3) 用铜棒轻轻敲击滚针轴承的底面,使轴承到位,装上卡簧。
(4) 对准标记,将十字轴另一对轴颈装到凸缘中。
(5) 将滚针轴承套在十字轴轴颈上,敲击到位并装上卡簧。

六、滑动花键与后传动轴的装复

(1) 将十字轴总成和凸缘叉与花键套组装一体。
(2) 将油封盖、油封垫、油封套装在花键轴上。
(3) 把花键套和花键轴上的标记对准,将花键轴穿入花键套中。
(4) 将油封盖、油封垫及油封装合到位,拧紧油封盖。

七、传动轴装车

(1) 将中间传动轴穿入中间支承的承孔中,并将凸缘套在中间轴的花键上。装上垫圈拧紧槽形螺母(力矩不小于 200 N·m)。
(2) 将中间传动轴前端的凸缘固定到驻车制动鼓上,装上弹簧垫并锁紧螺母(力矩为 90~110 N·m)。
(3) 将中间支承连同中间传动轴一起装到车架横梁上(其紧固螺母的力矩为 90~110 N·m)。
(4) 将后传动轴滑动花键一端与中间传动轴的后端相连接(力矩为 90~110 N·m)。
(5) 将后传动轴另一端与后桥上的凸缘相连(力矩为 90~110 N·m)。

八、传动轴的调整方法

将前轮塞住,用千斤顶将一后轮顶起。将中间支承的固定螺栓松开。启动发动机,使中间支承自动找正位置。关闭发动机,拧紧中间支承的固定螺栓。

5.1.3 注意事项

(1) 装配十字轴时,十字轴与轴承配合应适度。其轴向间隙不大于 0.04 mm,转动灵活并无卡滞现象。
(2) 十字轴不可装反,标记应对正。
(3) 十字轴上的黄油嘴应朝向套管一方,并与套管上黄油嘴的方向相同。花键与花键套的键齿应齐全,没有缺齿或磨损过度的现象。

任务 5.2　驱动桥的拆装与调整

【任务目标】
(1) 掌握主减速器的正确拆装与调整。
(2) 熟悉各种专用工量具的使用。

【任务描述】
以桑塔纳轿车为例,讲述驱动桥的拆装与调整。

【任务实施】
内容详见 5.2.1 小节~5.2.3 小节。

5.2.1 桑塔纳轿车前驱动桥的拆装与调整

一、前驱轿车驱动桥的分解

(1) 将变速器前端固定在修理架上,按图 5.2-1 装上输入轴压出工具顶住轴的前端,螺栓 4 应与输入轴在同一直线上。

(2) 旋下放油塞放出机油,旋下后盖固定螺栓,拆下后盖 18、衬垫 21、输出轴调整垫圈 23 及输入轴调整衬垫 35,如图 5.2-2 所示。

(3) 差速器总成的拆卸:

① 如图 5.2-3 所示,由主传动器盖口上旋下车速表从动齿轮 14 的轴套 13,取出车速表被动齿轮。旋下螺栓 20,用芯棒支承住半轴 15,旋下螺栓 21,取下左侧主传动器盖 2,取下半轴和差速器总成,由主传动器盖上取下油封 17。

② 如图 5.2-4 所示,用专用工具 A、B 由主传动器盖上拉出差速器轴承外圈。

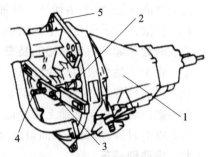

1—变速器;2—输入轴;3—输入轴压出工具;
4—螺栓;5—修理架

图 5.2-1 变速器壳体的修理架

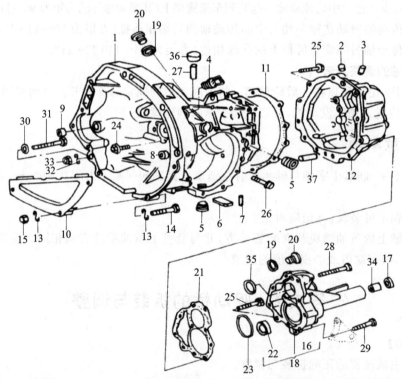

1—变速器壳体;2、3—堵塞;4—检测孔橡皮塞;5—放油塞;6—异形磁铁;7—销钉;8、37—定位销;
9—轴套;10—盖板;11、21—衬垫;12—后壳体;13、32—弹簧垫;14、24、25、26、28、29、31—螺栓;
15、33—螺母;16—后盖;17—油封;18—后盖组合;19—垫圈;20—安装塞;22—轴套;
23—调整垫圈;27—通气阀;30—平垫;34—衬套;35—调整衬垫;36—盖

图 5.2-2 变速器与发动机安装螺栓的拆卸

项目 5　汽车底盘的装配与调试

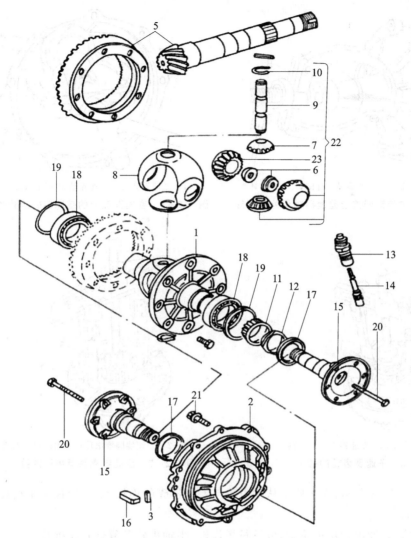

1—差速器壳；2—主传动器盖；3—弹性销；4、20、21—螺栓；5—主传动齿轮副；6—螺纹套；
7—行星齿轮；8—复合式止推片；9—行星齿轮轴；10—挡圈；11—车速表蜗轮；12—锁紧套筒；
13—车速表被动齿轮轴套；14—车速表从动齿轮；15—半轴；16—磁铁；17—油封；
18—圆锥滚柱轴承；19—调整垫片；22—差速器总成；23—半轴齿轮

图 5.2-3　差速器总成的取出

③ 如图 5.2-5 所示，用专用工具 A、B 由变速器壳上拉出另一端的差速器轴承外圈。

④ 用拉器从变速器壳上拉出输入轴中间滚针轴承。

⑤ 由变速器壳上压出输入轴前油封座与油封。

⑥ 由变速器壳上拉出输出轴前轴承外圈锁销，再用工具压出输出轴前轴承外圈。

（4）差速器的分解：

① 由车速表齿轮外侧取下锁紧套筒。

② 如图 5.2-6 所示，用工具将车速表齿轮由差速器壳上拉出。

③ 如图 5.2-7 所示，用工具 1、3 由差速器壳上取下差速器圆锥滚子轴承。

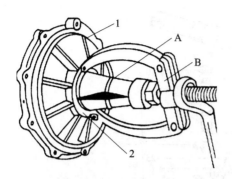

1—主传动器盖；2—差速器轴承外圈；A、B—工具

图5.2-4 主传动器盖上差速器轴承外圈拆卸

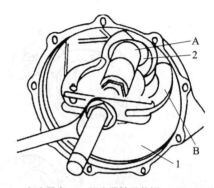

1—变速器壳；2—差速器轴承外圈；A、B—工具

图5.2-5 变速器壳上的差速器轴承外圈的拆卸

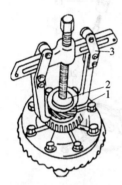

1—车速表齿轮；2—差速器壳；3—工具

图5.2-6 车速表齿轮的拉下

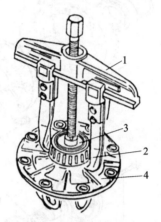

1、3—工具；2—差速器圆锥滚珠轴承内圈；4—差速器壳

图5.2-7 差速器壳轴承内圈的拉下

④ 如图5.2-8所示，交叉旋下从动齿轮与差速器壳的连接螺栓，沿齿圈平稳敲下从动齿轮（防止变形）。

⑤ 取下挡圈，冲出行星齿轮轴，取下行星齿轮、半轴齿轮及复合式止推片。

(5) 差速器的组装，如图5.2-2所示，以相反的顺序进行组装：

① 将复合止推垫圈涂以机油，装入差速器壳内，在半轴齿轮上装好螺纹套，再装行星齿轮。如图5.2-9所示，装入齿轮轴及轴上挡圈。

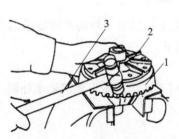

1—从动齿轮；2—差速器壳；3—软锤

图5.2-8 从动齿轮的拆卸

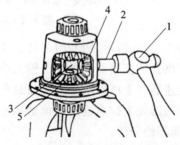

1—锤子；2—心棒；3—行星齿轮轴；4—行星齿轮；5—半轴齿轮

图5.2-9 行星齿轮轴的安装

② 如图 5.2-10 所示,将从动齿轮加热至 100 ℃左右,以定心销导向,迅速装在差速器上。于各螺纹孔中涂以齿轮油,分 2~3 次交叉旋紧螺栓(70 N·m)。

③ 如图 5.2-11 所示,将差速器圆锥滚针轴承内圈加热至 100 ℃左右,压装在差速器壳两端外圆上。

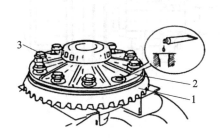
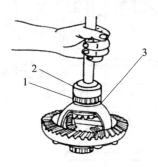

1—从动齿轮;2—差速器壳;3—螺栓

图 5.2-10　从动齿轮的安装

1—差速器轴承内圈;2—工具;3—差速器壳

图 5.2-11　差速器轴承内圈的安装

④ 如图 5.2-12 所示,将车速表齿轮压装在差速器壳上,压入深度 x 为 1.4 mm,由垫圈或挡圈予以保证。

二、主减速器的调整

通过改变从动齿轮调整垫片 s_1、s_2 和主动齿轮调整垫片 s_3 的厚度,达到主、从动齿轮的正确啮合。调整方法如下:

(1) 主、从动齿轮的调整部位如图 5.2-13 所示。

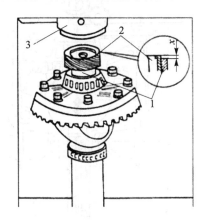
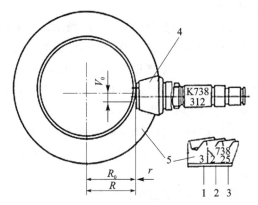

1—差速器;2—车速表齿轮;3—压力机

图 5.2-12　车速表齿轮的安装

1—主传动比值标记;2—配对号码标记;
3—齿顶距偏差值标记;4—主动齿轮;5—从动齿轮

图 5.2-13　主、从动齿轮的标记含义

(2) 差速器壳两端调整垫片及主动轴承壳和变速器壳体间的调整垫片位置,如图 5.2-14 所示。

三、主、从动齿轮的调整

主、从动齿轮的调整,应求出主动齿轮调整垫片及差速器调整垫片的总厚度。当更换变速器壳、主减速器盖、差速器滚柱轴承、差速器壳或从动齿轮时,须重新调整从动齿轮,所以必须

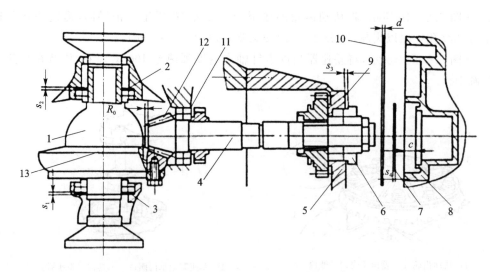

1—差速器;2、3—差速器轴承调整垫;4—输出轴;5—后壳体;6—输出轴后轴承;7—输出轴后轴承调整垫片;
8—后盖;9—调整垫片;10—衬垫;11—输出轴前轴承;12—主动齿轮;13—从动齿轮

图 5.2-14 差速器轴承预紧力与主从动齿轮间隙的调整

对调整垫片厚度进行测量与计算。

(1) 将圆锥滚柱轴承的外圈和调整垫片(厚 1.2 mm)一同推入罩壳,直至与挡块相抵靠为止,并将设有调整垫片的另一圆锥滚柱轴承外圈推入盖内直至挡块为止。

(2) 将不带转速表齿轮的差速器轴承端压入罩壳内,再装上轴承盖,以 245 N·m 的力矩再分别拧紧固定螺栓。

(3) 安装夹紧套筒,如图 5.2-15 所示。上下移动夹紧套筒,读出表针的摆差值。总厚度为摆差值+预紧量(0.40 mm)+原垫片厚度(1.20 mm)。

例如:摆差值为 0.50 mm,总厚度=0.50 mm+0.40 mm+1.20 mm=2.10 mm。

(4) 求需加垫片的厚度,即需加垫片厚度=总厚度-原垫片厚度=2.10 mm-1.20 mm=0.90 mm。

四、求主动齿轮调整垫片厚度

主动齿轮调整垫片厚度:$s_3=e+r$。式中,e 为测量值,r 为偏差值。

由于所更换的零件不同,求 s_3 的方式亦不同。

(1) 更换主动齿轮双列圆锥滚柱轴承,或齿轮箱罩壳,或第一挡齿轮轴承支座和滚针轴承。当所换主、从动齿轮上无偏差值"r"标记时,按下述方法进行调整:

① 安装 VW381/11 压板,如图 5.2-16 所示,旋松变速器罩壳的螺钉,用 2 个 M8×50 的螺钉旋紧 VW381/11 压板,使压板与主动齿轮轴保持垂直位置,以 2 N·m 力矩拧紧螺栓 3。

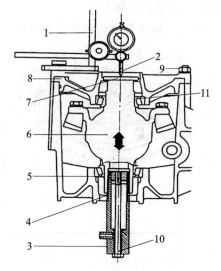

1—千分表架;2—千分表;3—夹紧套筒;4—套筒;
5—垫片;6—差数器;7—测量板;8—主传动器盖;
9、10—螺栓;11—主传动器盖上的轴承外圈

图 5.2-15 差速器轴承预紧力测定

② 拆下差速器,将测量心棒 VW385/1 放在齿轮箱罩壳下,转动测量心棒,直至表针指至最大值,如图 5.2－17 所示。此值即为与标准值($R_0 = 50.7$ mm)的偏差值 e,换装新零件后应尽可能达到此值。

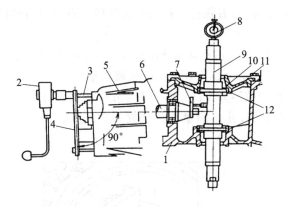

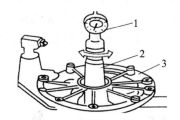

1—变速壳体;2—扭矩扳手;3、11—螺栓;4—压板;
5—后壳体;6—输出轴;7—量块板;8—千分表;
9—测量心棒;10—主传动器盖;12—差速器轴承外圈

1—千分表;2—测量心棒;3—主传动器盖

图 5.2－16 主传动齿轮位置调整垫厚度的确定　　图 5.2－17 从动齿轮齿顶偏差的测量

③ 换装新零件后,将双列圆锥滚柱轴承外环与调整垫片 s_3 一同压入轴承支座内,连同预装好的联轴齿轮装入轴承支座,并压入双列圆锥滚柱轴承的第一内环,以 100 N·m 力矩拧紧联轴齿轮螺母。再装入新密封圈,将轴承支座和联轴齿轮一同装入齿轮箱罩壳内,旋紧 4 个紧固螺栓。使用测量心棒重新测量安装位置。若此次测量值小于换件前所测值,则应增加调整垫片 s_3 的厚度;若此次测量值大于换件前所测值,则应减小调整垫片 s_3 的厚度。所需垫片的厚度可由备件中选用,如表 5－1 所列。

表 5－1　桑塔纳驱动桥备用调整垫片

垫片厚度/mm	备用件编号 A	垫片厚度/mm	备用件编号 A
0.15	0.14311391A	0.70	0.14311391H
0.20	0.14311391B	0.80	0.14311391I
0.25	0.14311391C	0.90	0.14311391J
0.35	0.14311391D	1.00	0.14311391K
0.40	0.14311391E	1.10	0.14311391L
0.50	0.14311391F	1.20	0.14311391M
0.60	0.14311391G		

例如:换件前测量值为 0.50 mm,换件后测量值为 0.40 mm,则应将调整垫片 s_3 的厚度增加 0.10 mm,按表 5－1 选用。

(2) 更换主从动齿轮,当齿轮上给出偏差值 r 时,按以下方法进行调整(应当首先测量出安装位置):

① 将双列圆锥形滚柱轴承压入轴承座,不包括调整垫片 s_3。

② 将主动齿轮装入轴承座。用钳口护板将齿轮轴夹持在台虎钳上,以 100 N·m 力矩拧紧主动齿轮轴头螺母。

③ 装入新密封垫,将轴承支座与主动齿轮一同装入齿轮箱罩壳;拧紧 4 个固定螺栓,用 2 个 M8×50 螺栓将 VW381/11 压板紧固在罩壳上,并保持压板与齿轮轴的垂直位置,拧紧压板螺栓。

④ 将测量心棒 VW381/11 调节环调至 $a=35$ mm,滑动调节环调至 $b=60$ mm,如图 5.2-18 所示。然后进行组装,其中 VW385/16 长度为 12.3 mm;将 VW385/30 量规调整至 $r=50.7$ mm,并安装至测量心棒上,再将千分表调至 0 位(调整范围为 3 mm,并带有 2 mm 的预紧力)。

⑤ 将 VW385/33 量块放在主动齿轮的端部,并将测量心棒放在罩壳内,如图 5.2-19 所示。

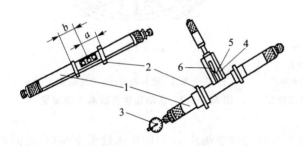

1—测量棒;2—调节环;3—千分表;4—测量头架;
5—测量头;6—校正标准量规

图 5.2-18 测量心棒的组装

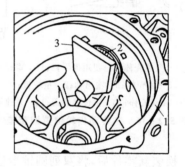

1—变速器壳;2—输出轴;3—测量量块板

图 5.2-19 输出轴测量工具的安装

⑥ 将主传动器盖与轴承外环安装在一起,用 4 个螺栓固定好。

⑦ 测量偏差值 e。首先移动调整环,将定心垫片向外拉至用手能转动测量心棒为止;转动测量心棒,直至千分表指示出最大量程,此测值即为偏差值 e,参见图 5.2-16 和图 5.2-17。

⑧ 测毕,拆下专用心棒后须检查 VW385/30 调节量规是否处于"0"位。若未恢复"0"位,则须重新进行测量。

⑨ 确定调整垫片 s_3 的厚度:$s_3=e+r$。式中,e 为测出的最大量程,r 为偏差值(于从动齿轮上的 1/100 mm 标出值)。

五、主/从动齿轮啮合间隙的调整

将主动齿轮与垫片 s_3 一同安装好,罩壳上的垫片为 1.2 mm,盖上的测量值与预紧量之和设定为 0.70 mm(即测量值为 0.30 mm,预紧量为 0.40 mm)。按以下步骤求出调整垫片 s_1 和 s_2 的厚度。

(1) 将差速器转动数次,以便固定圆锥滚柱轴承。

(2) 按图 5.2-20 所示安装测量工具,使用千

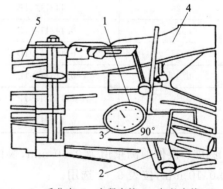

1—千分表;2—夹紧套筒;3—加长套管;
4—变速器壳;5—后壳体垫片

图 5.2-20 差速器轴承调整垫片 s_1、s_2 的确定

分表加长套管 VW382/10(6 mm 见方),尺寸为 71 mm(图中 3)。

(3) 用 2 个 M8~50 螺栓将压板 VW381/11 对角压紧(力矩 2 N·m),并使压板与主动齿轮轴保持垂直位置。

(4) 将从动齿轮旋至挡块,将千分尺调至"0"位,转动从动齿轮,读出并记录啮合间隙值。

(5) 旋松差速器上夹紧套筒的夹紧螺栓及主动齿轮上的夹板,将从动齿轮旋转 90°。按上述方法再重复测量 3 次,将 4 次测量值相加,计算出啮合间隙的平均值。注意:若每次测值偏差超过 0.05 mm,则安装的从动齿轮或传动组件不能正常工作,必须复查安装是否有误,必要时应更换组件。

(6) 求出垫片 s_1 和 s_2 的厚度:

$$s_2 = 垫片厚度 - 侧向间隙平均值 + 升高 \quad (常数值为 0.15 \text{ mm})$$

例 1:垫片厚度为 1.20 mm,啮合间隙平均值为 0.46 mm,则 $s_2 = 0.89$ mm;$s_1 = $ 垫片总厚度 $-s_2$(从动齿轮垫片厚度)。

例 2:垫片总厚度为 1.90 mm,从动齿轮垫片厚度 $s_2 = 0.89$ mm,则 $s_1 = 1.01$ mm。

(7) 按求出的厚度装好垫片 s_1 和 s_2,并多点测量啮合间隙,其值应在 0.10~0.20 mm 范围内,相互偏差不得大于 0.05 mm。

六、差速器的装合

(1) 按调整结果,选择好调整垫片 s_1、s_2、s_3、s_4,装上输出轴和差速器。

(2) 按图 5.2-21 所示,由左方将变速器盖装于变速器壳上,并在变速器盖上装合车速表从动齿轮及轴套,旋紧固定螺栓(力矩 20 N·m),因需调整差速器轴承预紧力,故结合面暂不涂密封胶。

(3) 按图 5.2-22 所示,以专用工具压入主传动器盖上的半轴油封(朝内并涂以齿轮油);将变速器壳后端面涂以密封胶,装上衬垫、定位销及输入和输出轴的后壳体,旋紧固定螺栓(力矩 25 N·m)。

1—主传动器盖;2—变速器壳;
3—车速表轴套;4—螺栓

图 5.2-21　差速器与主传动器盖的安装

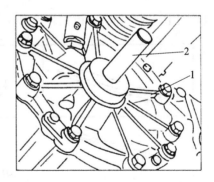

1—主传动器盖;2—工具

图 5.2-22　半轴油封的安装

(4) 将各挡拨叉轴置于空挡位置,使内选挡杆拨挡臂进入三、四挡槽内。后壳体端面涂以密封胶,装上衬垫;于后壳体上旋上两双导向螺栓,装合后盖并拧紧固定螺栓(力矩 25 N·m)。拨动内选挡杆,检查各挡工作是否平顺。向变速器内注入齿轮油(API-GL4 或 SAE80)1.71 L,如图 5.2-23 和图 5.2-24 所示。

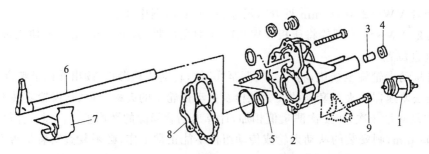

1—倒车灯开关；2—后盖；3—内选挡杆后衬套；4—后油封；5—内选挡杆前衬套；
6—内选挡杆；7—异形弹簧；8—衬垫；9—螺栓

图 5.2－23　后盖上衬套的安装

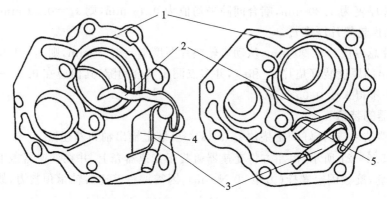

1—后盖；2—异形弹簧；3—内选挡杆；4、5—弹簧弯曲部

图 5.2－24　内选挡杆的安装

5.2.2　后驱轿车双曲线齿轮单级主减速器驱动桥的拆装与调整

以丰田 IRS 型为例，专用工具如图 5.2－25 所示。

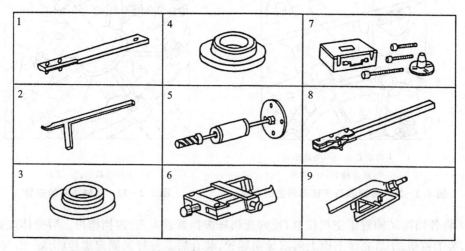

1—侧轴承调整螺母扳手；2—侧垫圈拆卸器；3—传动齿轮锥体更换器；4—传动齿轮后轴更换器；
5—侧齿轮轴拉器；6—传动齿轮前轴承拆卸器；7—凸缘拆卸器；8—凸缘拧紧工具；9—万向接头拆卸工具

图 5.2－25　主减速器和差速器修理专用工具

一、后驱动桥单级主减速器和差速器的拆卸与分解

(1) 拆下放油塞,放尽润滑油。按图 5.2-26 所示拆下传动轴突缘连接螺栓,卸下传动轴。

(2) 按图 5.2-27 所示拆下左右两侧传动半轴连接螺栓、螺母,取下半轴。拆下后弹簧支座螺母。

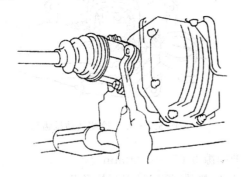 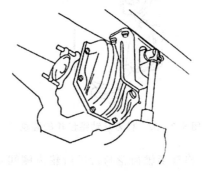

图 5.2-26 拆卸固定螺栓　　　　图 5.2-27 拆卸传动半轴

(3) 按图 5.2-28 所示,拆下后弹簧支座固定螺母。拆下主减速器与差速器壳体固定螺母。

(4) 按图 5.2-29 所示,取下驱动桥总成,旋下上盖固定螺栓,拆下上盖及垫。

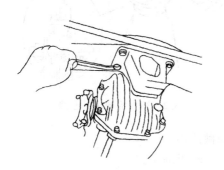 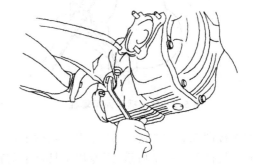

图 5.2-28 拆卸支承座　　　　图 5.2-29 拆卸主减速器和差速器壳体

(5) 按图 5.2-30 和图 5.2-31 所示,用专用工具将侧齿轮轴由壳体上拆下,并拆下油封。

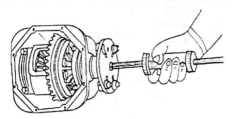 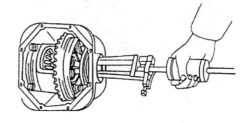

图 5.2-30 拆卸侧齿轮轴　　　　图 5.2-31 拆卸侧齿轮轴油封

(6) 检查下列各项,若不符规定应予以调整或更换新件:
① 按图 5.2-32 所示,检查从动锥齿轮圆跳动量(最大值 0.07 mm)。
② 按图 5.2-33 所示,检查从动锥齿轮间隙(规定在 0.13~0.18 mm 范围内)。

图 5.2-32 检查从动锥齿轮的圆跳动

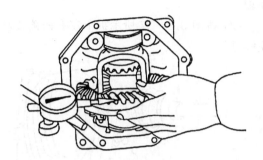

图 5.2-33 检测从动锥齿隙

③ 检查半轴齿轮与行星齿轮齿侧间隙(标准间隙 0.05～0.20 mm)。

(7) 按图 5.2-34 和图 5.2-35 所示,撬开锁紧垫片,拆下紧固螺栓及凸缘。

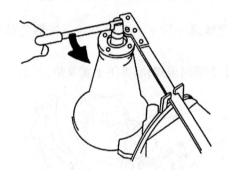

图 5.2-34 拆卸固定螺栓

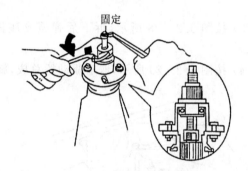

图 5.2-35 拆卸半轴凸缘

(8) 按图 5.2-36 所示,用专用工具拆下油封和抛油环。

(9) 按图 5.2-37 所示,用专用工具拆下前轴承及轴承隔圈。

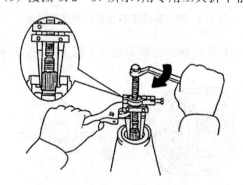

图 5.2-36 拆卸油封和抛油环

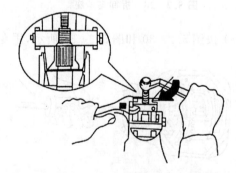

图 5.2-37 拆卸前轴承和隔圈

(10) 按图 5.2-38 所示,在差速器和轴承盖上打出装配标记,拆下差速左右轴承盖。

(11) 按图 5.2-39 所示,用专用工具拆下两侧轴承预紧力调整平垫(注意检测调整垫间隙及厚度)。

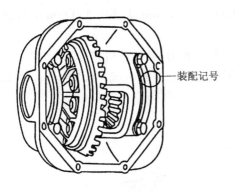

图 5.2-38 拆卸差速器壳

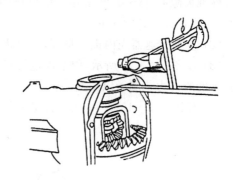

图 5.2-39 拆卸平板垫圈

(12) 拆下差速器壳左(LH)、右(RH)轴承外座圈(注意做好标记,不得互换)。取出差速器壳体、拆下主动锥齿轮。

(13) 按图 5.2-40 所示,以专用工具夹住主动锥齿轮后轴承,并用压力机压出。用铜棒冲击前后轴承外圈。

(14) 按图 5.2-41~图 5.2-43 所示,由差速器壳上拆下从动锥齿轮(注意:打上装配标记)。拆下行星齿轮轴、行星齿轮、半轴齿轮及推力垫圈。

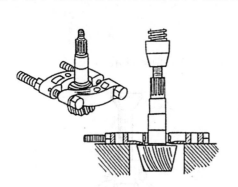

图 5.2-40 拆卸主动锥齿轮后轴承

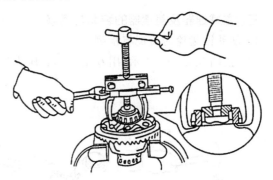

图 5.2-41 拆卸外圈座

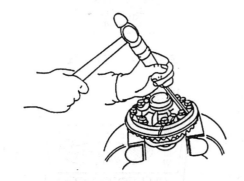

图 5.2-42 拆卸从动锥齿轮

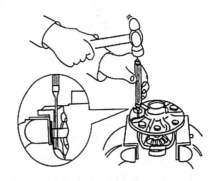

图 5.2-43 分解差速器

二、差速器壳的装合与调整

(1) 按图 5.2-44 所示,选用适当厚度的推力垫圈,两侧选用相同厚度确保达到规定齿隙。标准齿隙0.05～0.20 mm。推力垫圈厚度：0.96～1.04 mm、1.60～1.14 mm、1.26～1.24 mm、1.26～1.34 mm。

(2) 装合差速器壳内推力垫圈,行星齿轮、半轴齿轮及推力垫圈,并检查齿隙。

(3) 按图5.2－45所示,用手固定行星齿轮。检测齿隙,标准为0.05～0.20 mm。可选用不同厚度的推力垫圈予以调整。

(4) 按图5.2－46所示,装复行星齿轮轴定位销。

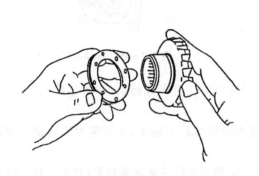

图5.2－44 选配推力垫圈

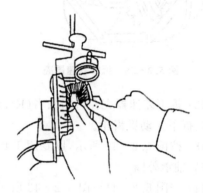

图5.2－45 检查侧齿轮

三、主减速器及差速器的装配与调整

1. 从动锥齿轮的装配与检测

(1) 按图5.2－47所示,用专用工具和压力机压出差速器壳两侧轴承。

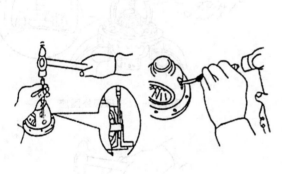

图5.2－46 装 销

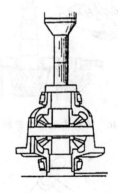

图5.2－47 压出侧轴承

(2) 按图5.2－48所示,装配从动锥齿轮。装前油浴加热至100 ℃左右,不得高于110 ℃,对准装配标记迅速装配到位(配合表面必须清洁),对称均匀紧固连接螺栓(98.5 N·m),并锁紧牢固。

(3) 检查从动锥齿轮圆跳动量：按图5.2－32所示,将差速器壳与主减速器装合后,拧紧调整螺栓至轴承不存在间隙为止,用百分表检测从动锥齿轮的圆跳动量(最大为0.07 mm)。

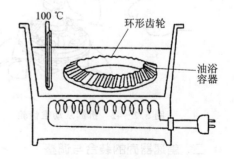

图5.2－48 装配前的加热

2. 主动锥齿轮的装配与调整

（1）将装有后轴承的主动锥齿轮装入桥壳内；装复前轴承，检查并调整齿轮接触面；装上隔离圈、抛油环和油封，装复并紧固凸缘，如图 5.2-49、图 5.2-50 所示。

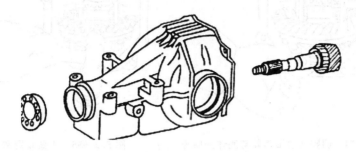

图 5.2-49　装主动锥齿轮

（2）调整主动锥齿轮预紧力：按图 5.2-51、图 5.2-52 所示，以专用工具固定凸缘，拧紧中央螺母（不得过紧），用扭力扳手测量主、从动锥齿轮之间齿隙的预紧力（新轴承 1.2～1.9 N·m，旧轴承 6～10 N·m）。

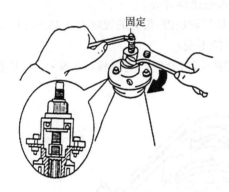 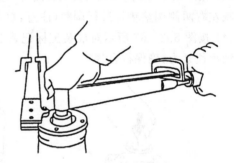

图 5.2-50　装伴轭凸缘　　　　　　　图 5.2-51　调整主动锥齿轮预荷重

3. 从动锥齿轮与差速器壳的装配与调整

（1）按图 5.2-53～图 5.2-55 所示，将轴承外座圈按原标记装合（不得换位），将差速器壳装入桥壳内。

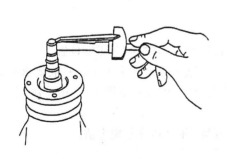 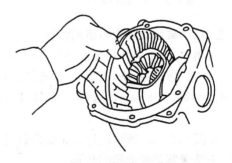

图 5.2-52　测量预载荷　　　　　　　图 5.2-53　装差速器壳

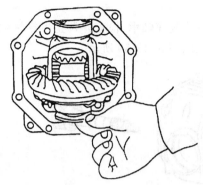
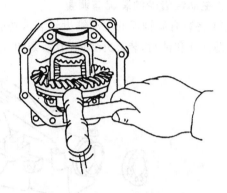

图 5.2－54　调整从动锥齿轮与壳体的间隙　　　图 5.2－55　上紧垫圈和轴承

用调整垫片调整从动锥齿轮与壳体之间的间隙,确保符合规定。用软锤敲击从动齿轮边缘,使轴承和垫圈紧附。

(2) 按图 5.2－56 所示固定从动齿轮和轴承毂,测量齿隙(参考值 0.10 mm),可选用不同厚度的调整垫片分置两侧进行调整。调毕,将其装入差速器外壳。

(3) 按图 5.2－33 所示用百分表检测与调整从动锥齿轮齿隙,齿隙的规定为 0.13～0.18 mm。可增减左右两侧调整垫片进行调整(注意:总厚度保持不变)。

(4) 按图 5.2－57 所示对准装配标记装上两侧轴承盖,紧固固定螺栓(80 N·m);用扭矩检测轴承预紧力,确保符合规定。

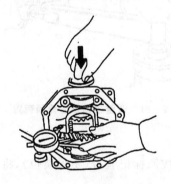
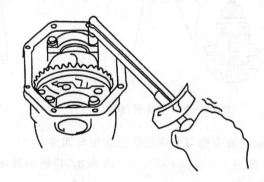

图 5.2－56　测量齿隙　　　　　图 5.2－57　装侧轴承盖

4. 主、从动锥齿轮啮合印痕的调整

(1) 在相邻 3～4 个牙齿齿面涂红丹粉,左右转动齿轮,观察啮合印痕位置。

(2) 按"大、顶进主,小、根出主"的规律进行调整,直至符合规定为止。一般要求啮合印痕位置距牙齿小端 3～5 mm,尽量靠近节线,印痕长度 25～30 mm,宽度 7～9 mm,如图 5.2－58 所示。

(3) 按图 5.2－59 所示进行齿轮轴偏移量的测量,确保其符合规定值。

四、主减速器与差速器的装车

用举升器顶起,安装外壳连接螺栓(97 N·m);装复弹簧支座,旋紧支座固定螺栓(19 N·m);装上弹簧座支承螺母(75 N·m);加注润滑油;连接传动轴,紧固连接螺栓(70 N·m)。

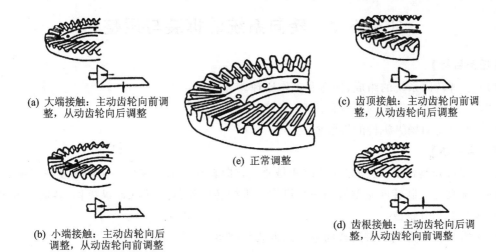

(a) 大端接触：主动齿轮向前调整，从动齿轮向后调整

(c) 齿顶接触：主动齿轮向前调整，从动齿轮向后调整

(e) 正常调整

(b) 小端接触：主动齿轮向后调整，从动齿轮向前调整

(d) 齿根接触：主动齿轮向后调整，从动齿轮向前调整

图 5.2-58　主动齿轮与从动齿轮的啮合面位置

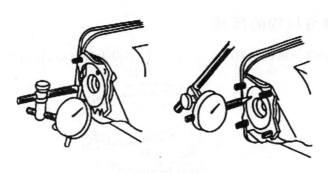

图 5.2-59　测量齿轮轴的偏移量

5.2.3　注意事项

（1）必须使用专用工/量具，不得使用非标准工具或用硬质锤直接敲击。

（2）装配前，必须彻底清洁，将零部件按装配顺序置放于清洁的工作台上或零件盒中，不得随处乱放。装前应涂以润滑油。

（3）严格按照技术要求及装配标记进行装合，防止破坏装配精度，如差速器壳及盖、调整垫片、传动轴等部位。行星齿轮止推垫片不得随意更换。

（4）严格按照规定扭矩对各部螺栓进行紧固，不得随意拧紧。对弹性扭力螺栓、自锁螺母等零件，必须执行生产厂的技术要求进行更换。

（5）必须按照技术要求对轴承预紧度、啮合印痕、齿隙及各部配合尺寸正确调整。

（6）不得随意使用其他型号的锥形滚子轴承作为代用品。

（7）各结合表面及紧固部位，应按规定使用相应的密封胶剂。

（8）按照规定添加齿轮润滑油。

注：对于双曲面锥齿轮结构的主减速器，其啮合印痕与啮合间隙的调整应遵循"大进从，小出从，顶进主，根出主"的原则。

任务 5.3　转向系统的拆装与调整

【任务目标】

(1) 了解转向系统的组成、构造及工作原理。

(2) 掌握各种转向器的拆装程序及调整要领。

(3) 了解转向操纵机构的拆装要领。

【任务描述】

汽车在行驶过程中,行驶方向的改变是通过转向轮在路面上偏转一定的角度来实现的,汽车转向系统就是控制转向轮偏转的一套机构。机械转向系统由转向操纵机构、转向器和转向传动机构三大部分组成。

以桑塔纳轿车为例来讲述转向系统的拆装与调整。

【任务实施】

内容详见 5.3.1 小节～5.3.2 小节。

5.3.1　转向操纵机构的拆装

桑塔纳轿车的转向操纵机构如图 5.3-1 所示,主要由转向盘、转向柱、转向盘锁套、组合

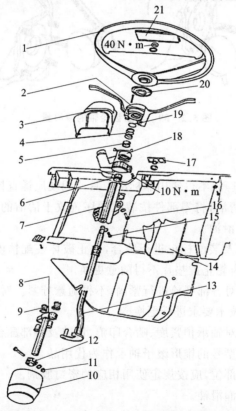

1—转向盘；2—转向柱开关；3—罩板；4—弹簧；5—接触环；6—橡胶支撑环；7—转向柱套管；
8—凸缘管；9—套管；10—密封罩；11—螺母；12—卡箍；13—转向柱；14—罩壳；15—断开螺栓；
16—圆柱螺栓；17—启动器把手；18—方向盘锁套；19—弹簧垫圈；20—接触环；21—盖板

图 5.3-1　桑塔纳轿车的转向操纵机构

开关、各种连接元件及支承元件组成。操纵机构在转向装置中占有重要地位,在拆卸和检查中一定要细心。在拆卸前,必须将蓄电池电源线断开,将车轮放在直线行驶的位置上,转向指示灯开关放在中间位置上。

一、拆 卸

(1) 向下按方向盘盖板的橡皮边缘,撬出方向盘盖板21。
(2) 用40 N·m的力矩松开方向盘的固定螺母,拔出喇叭电线,用拉器拆下转向盘1。
(3) 拆下转向柱上的组合开关2。
(4) 拆下阻风门控制把手。
(5) 旋下仪表装饰板(4个螺钉),并松开卡箍,取出转向柱13。
(6) 使用鲤鱼钳旋转卸下弹簧垫圈,如图5.3-2所示。
(7) 拆下方向盘锁壳。卸下左边的内六角螺栓,旋出右边的开口螺栓,用钻头钻出螺栓头。

二、检 查

(1) 检查转向柱有无弯曲。
(2) 安全联轴器有无磨损和损坏。
(3) 弹簧弹性是否失效。

三、装 配

装配按拆卸的逆顺序进行。注意:
(1) 转向支柱如有损坏不能焊接。
(2) 自锁螺母、螺栓必须更换。
(3) 安装凸缘管时应将凸缘管推到主动齿轮上,贴紧转向柱,拧紧螺母,并涂润滑脂。

图5.3-2 弹簧垫圈的拆卸

5.3.2 转向器

转向器是转向系统中的减速增扭传动装置,种类繁多。应用较广泛的有齿轮—齿条式、循环球式、曲柄指销式。下面分别讲述其拆装过程。

一、齿轮-齿条式转向器

桑塔纳轿车采用齿轮-齿条式转向器,如图5.3-3所示。图5.3-4所示为其装配关系图。

1. 分 解

(1) 拆下啮合间隙补偿器。
(2) 拆下主动齿轮密封环、卡簧、轴承。
(3) 取出主动齿轮。
(4) 检查主动齿轮端及轴承磨损情况。
(5) 将齿条行程做上记号。
(6) 松开齿条端盖帽,拆卸齿条杆上的防尘罩、挡圈、密封圈,抽出齿条。

2. 转向器的检查

(1) 检查转向器外壳有无破裂及破损,如破裂或磨损严重,则予以更换。
(2) 检查波形管是否完好,如有破损应更换。
(3) 检查各密封圈和密封环,如有溢漏必须更换。
(4) 自锁螺母和螺栓一经拆卸,安装时必须成对更换。

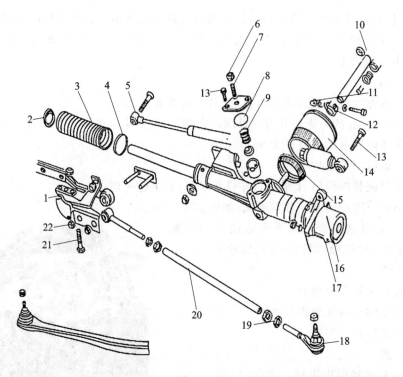

1—支架；2—挡圈；3—波纹管；4—软管卡箍；5—转向减震器；6—锁紧螺母；
7—调整螺栓；8—密封圈；9—压簧；10—凸缘管；11、22—自锁螺母；12—夹箍；
13—螺栓；14—密封罩；15—密封圈；16—转向器轮；17—自锁螺栓；
18—横拉杆球接头；19—调整螺母；20—左转向横拉杆；21—螺栓

图 5.3-3 齿轮-齿条式转向器

(5) 不允许对转向器零件进行焊接和整形。

(6) 检查齿条各部磨损情况，齿条有无缺齿等。

3. 转向器的装配与调整

转向器装复顺序与拆卸顺序相反。装配密封衬套时，先在衬套内外涂上润滑液，然后用力将衬套推至驾驶室前穿线板中。转向器装配后检查调整齿轮齿条间隙，调整时将车辆处于直线行驶位置，松开锁紧螺母，转动调整螺栓至接触止推垫圈挡块为止。拧紧锁止螺母时，应用内六角扳手固定，以防止调整螺栓转动。最后紧固横拉杆，防止齿条受压太紧。

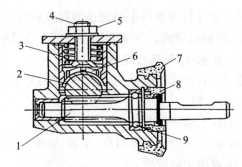

1—转向齿条；2—转向齿轮；3—补偿弹簧；4—调整弹簧；
5—螺母；6—压板；7—防尘罩；8—油封；9—轴承

图 5.3-4 齿轮-齿条式转向器装配图

注意：

(1) 更换自锁螺母。

(2) 转向器各零件不允许进行焊接或整形。

(3) 正确组装的转向器用手可直接转动主动齿轮。

二、循环球式转向器

图 5.3-5 所示为 BJ2020 的循环球式转向器。

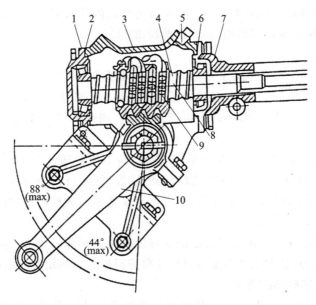

1—下盖；2—垫片；3—外壳；4—转向螺杆；5—螺塞；6—上盖调整垫片；7—上盖；8—导管；9—滚珠；10—转向摇臂

图 5.3-5 循环球式转向器

北京 2020s 系列汽车的转向系统由转向传动机构和转向器组成。驾驶员转动转向盘并通过转向管柱内的转向轴，经过转向中间轴带动转向器工作。转向器的转向节臂开始运动，带动转向横拉杆，牵引转向梯形带动车轮完成转向。

1. 转向器的拆卸

(1) 拆下转向管柱紧固夹板。

(2) 拆下汽车前围处的转向管柱紧固螺钉。

(3) 拔下线束插头。

(4) 松开转向中间轴，拆下转向管枝及中间轴。

(5) 松开转向器固定螺栓，取下转向器。

(6) 转向器解体：

① 松开转向器锁紧螺母和转向器侧盖固定螺母。

② 旋出转向器调整螺母，卸下转向器侧盖及转向摇臂。

③ 抽出摇臂轴、转向螺杆等。

④ 解体转向螺母。注意滚珠不要丢失。

2. 转向器的检查

(1) 检查蜗杆和球形螺母(滚珠)是否磨损严重或损坏。检查螺母是否能借本身重量顺利地在蜗杆轴上旋转。如发现有任何损伤，应修整或更换。

(2) 检查转向臂轴、推力垫圈和调整螺钉是否有磨损或损伤。检查转向臂轴的推力间隙（最大间隙应小于 0.05 mm）。

(3) 检查蜗杆轴承和油封磨损和损伤情况,视情况需要更换轴承、轴承座和油封。

(4) 视情况需要更换蜗杆轴内座圈和壳上外座圈。

3. 转向器的装配

循环球式转向器在转向螺杆与转向螺母组成的滚道内装入钢球。在向螺母导管槽中安装钢球时,应在导管两端涂少许润滑脂,防止钢球脱出。

4. 转向器的调整

(1) 转向轴轴承预紧度的调整:通过增减转向器壳与下盖之间的垫片来调整轴承预紧度。增加垫片轴承预紧度减小,减少垫片轴承预紧度增加。调整好后,用手上下推动转向轴不得有松旷感,转向轴应转动灵活,所需扭矩符合要求。用弹簧秤拉转向盘或转向轴测其拉力即可。

(2) 啮合副啮合间隙的调整:调整啮合间隙时,应首先使啮合副处于中间啮合位置,然后通过转向器侧盖上的调整螺钉改变摇臂轴的轴向位置,使啮合间隙合适,最后用锁紧装置锁紧。啮合间隙(不大于 0.05 mm)正常后,用力摇动摇臂轴应无松旷感,在任何位置转动方向盘应轻便灵活。

注意事项:检查循环球式转向器时不能让球形螺母碰到蜗杆端头;车辆处于直线行驶位置调整转向器啮合间隙;转向系统装配好之后还要进行最大转向角和方向盘游隙的检查调整。

三、曲柄双销式转向器的拆装

目前大部分东风 EQ1090E 型汽车装用的是曲柄双销式转向器,其结构分解如图 5.3－6 所示,主要由蜗杆 21 和带有主销的摇臂轴 4 组成一对齿轮副。该转向器采用了特制滚动轴承支承的两个指销与蜗杆梯形螺纹槽相配合的啮合副,可以大大减轻转向器操纵力及零件间的

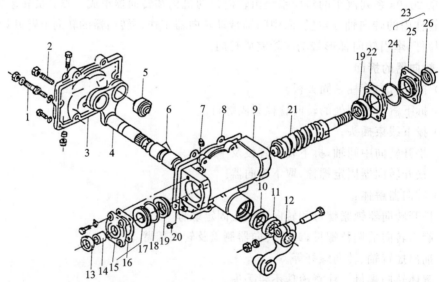

1—螺栓;2—摇臂调整螺钉与螺母;3—侧盖;4—摇臂轴;5—注销轴承总成;6—摇臂轴衬套;
7—加油螺塞;8—侧盖衬垫;9—转向器壳体;10、11—油封;12—转向垂臂;13—锁止螺母;
14—蜗杆轴承调整螺塞;15—下盖;16—下盖衬垫;17—蜗杆轴承垫块;18、24—密封圈;19—蜗杆轴承;
20—放油螺塞;21—蜗杆;22—调整垫片;23—上盖总成;25—上盖;26—蜗杆轴承

图 5.3－6　曲柄双销式转向器

磨损。蜗杆支承轴承支承刚度的调节和啮合间隙的调节均采用螺塞式调节方式,比垫片调节更方便,使用过程中可随时从外部予以调整。

1. 曲柄双销式转向器的拆卸

(1) 将转向器安装在工作台上,拆下放油螺塞,放出润滑油后再装回螺塞。

(2) 松开摇臂轴调整螺钉的锁紧螺母,把调整螺钉2逆时针旋转一周。

(3) 拆下侧盖3和壳体9的紧固螺栓,如图5.3-7所示。取下侧盖和衬垫8,用铜棒轻敲转向摇臂的摇臂端,取出转向摇臂轴连同指销组合件。

(4) 拆下下盖15与壳体9的紧固螺栓,依次取下下盖及调整螺塞组合件、衬垫16、蜗杆下轴承垫块17及密封圈18、蜗杆轴承19的外圈。

(5) 拆下上盖25与壳体的紧固螺栓,取出蜗杆及支承轴承等的组合件。再用铜棒轻轻敲击蜗杆的花键端,依次取下上轴承盖25、油封及蜗杆轴承26、密封圈24的组合件、调整垫片22、上轴承19的外圈。(注意防止划破油封刃口,应特别注意垫片22的数量和厚薄片的叠合位置,不准丢失、损坏或错乱)

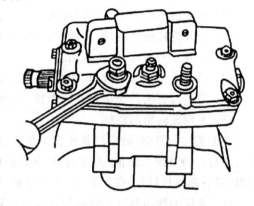

图5.3-7 紧固螺栓的拆卸

(6) 清洗各零件并观察分析壳体、侧盖、蜗杆及其支承轴承、转向摇臂轴与指销合件的结构。检查指销及其支承轴承有无间隙和损坏。

2. 曲柄双销式转向器的装配

曲柄双销式转向器的装合按拆卸时相反的顺序进行。但应注意以下几点:

(1) 装合前彻底清洗各零件并擦拭干净,橡胶油封不得用汽油清洗。

(2) 装合前旋松下盖和侧盖上的调整螺塞,各密封垫处涂以密封胶。

(3) 上盖与壳体间的调整垫片22,用来调整蜗杆轴在座孔中的支承刚度和轴线的对中性,出厂时已调整完毕,一般不得随意调整或调换厚薄片的叠合位置。装合前应仔细擦洗干净,并核对数量和叠合位置再行装合。

3. 转向器的调整

装合后应先调整蜗杆轴承预紧度,后调整啮合副的啮合间隙。

(1) 蜗杆轴承预紧度的调整:用内六方扳手将下盖上的调整螺塞14旋到底,再回退1/8~1/4圈,使蜗杆在输入端具有1~1.7 N·m的预紧力矩,并保持该位置不变,拧紧其外面的锁止螺母13(扭矩50 N·m)。再复检输入端预紧力矩,应保持不变。用手转动、推拉蜗杆,应灵活自如且无轴向间隙感,蜗杆轴承预紧度为合适。

(2) 摇臂轴主销轴承预紧度的调整:调整前,主销轴承必须清洗干净,然后向轴承滚道处注入少许润滑油;装上止动垫片;主销轴承装入摇臂轴孔中用主销上的螺母进行调整后,应转动自如,主销在轴承中无轴向间隙;翻起止动垫片1~2齿,使之紧贴螺母边的平面,螺母与垫圈无相对转动的可能。

(3) 蜗杆与摇臂轴主销啮合间隙的调整:先使啮合副处于蜗杆中间位置啮合(先向一方转动蜗杆至转不动,然后反转蜗杆转不动并记下全部转动圈数,再反转蜗杆到转动总圈数的一半位置),拧动侧盖上的调整螺塞2到底,使蜗杆转动有一点阻力为止,再退出调整螺塞1/8~

1/4圈。然后从转向摇臂轴装摇臂一端推拉摇臂轴,若无明显间隙感且转动蜗杆仍灵活自如,即为合适。蜗杆轴输入端的旋转力矩不大于 2.8 N·m,保持调整螺塞 2 的位置不变,拧紧其外边的锁紧螺母。

最后,装合完毕后加注齿轮油。

5.3.3 转向传动机构

以桑塔纳为例,传动机构的拆装步骤如下:
(1) 从前桥减震器上拆下球接头。
(2) 松开连接板螺母,取下左、右横拉杆总成。
(3) 松开调整螺母,卸下球头。
(4) 检查横拉杆是否弯曲,调整螺栓螺纹有无损坏,球头是否磨损和松旷等。
(5) 组装时更换自锁螺母及防尘胶套、衬套等。
(6) 车轮转向角的调整。

在安装转向器时,就应计算出齿条每齿移动的距离,或主动齿轮旋转一周齿条的位移。根据这个行程换算出角度值,再按内、外车轮转向角度来标记齿条行程的位置,按其位置固定方向盘,最后调整横拉杆,保证其左、右尺寸相同。

注:桑塔纳转向装置主要螺纹连接的扭矩:
凸缘盘与转向器 25 N·m;
方向盘与转向轴 29 N·m;
转向器总成与车身 20 N·m;
横拉杆与转向器 35 N·m;
转向减震器与转向器 35 N·m;
转向减震器支架与转向器 20 N·m;
转向横拉杆与独立悬架 30 N·m;
转向横拉杆锁紧螺母 40 N·m;
转向横拉杆卡箍 15 N·m。

任务 5.4 制动系统的拆装与调整

【任务目标】
(1) 了解制动系统的组成,主要零部件的构造、原理。
(2) 掌握车轮制动器的拆装过程。
(3) 掌握制动系统的调整项目。
(4) 掌握车轮制动器间隙自调的原理。

【任务描述】
制动系统的作用是使行驶的汽车减速甚至停车,使下坡行驶的汽车保持车速,使已停驶的汽车保持不动。

以北京 BJ2020 型汽车、桑塔纳轿车、丰田亚洲龙轿车的制动器为例,讲述制动器的拆装与调整。

【任务实施】

内容详见 5.4.1 小节~5.4.3 小节。

由于车型不同,其制动系统的结构也有所不同,但制动器的拆装与调整的方法基本相同。现以桑塔纳轿车、BJ2020、丰田系列轿车为例进行讲解。

BJ2020 型汽车制动系的结构如图 5.4-1 所示。它采用液压真空助力制动系统,4 个车轮均为鼓式制动器。前轮为单向双领蹄式,有 2 个制动分泵各驱动一个制动蹄,如图 5.4-2 所示;后轮为简单领从蹄式,只有一个制动分泵同时驱动两个制动蹄,如图 5.4-3 所示系统中采用真空助力器,以减轻制动踏板力并增强制动效果。其真空助力器为膜片式,由动力缸和控制杆等组成。同时,为保证行车安全,制动系采用双回路系统,制动总泵的前腔与前轮制动分泵相通,后腔与后轮制动分泵相通,以防止制动管路某一处发生泄漏时,使全车车轮的制动器失效,其管路布置如图 5.4-4 所示。

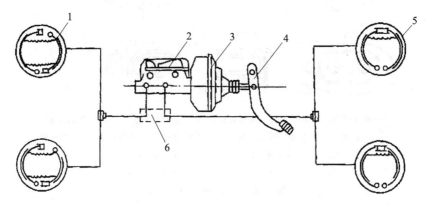

1—前轮制动器;2—制动总泵;3—真空助力器;4—制动踏板;5—后轮制动器;6—制动组合阀

图 5.4-1 BJ2020 型汽车制动系统的结构

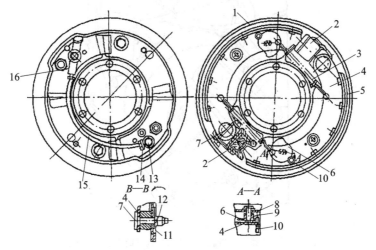

1—制动底板;2—分泵;3—回位弹簧;4—制动蹄;5—摩擦片;6—调整偏心轮;
7—支承销;8—偏心轮轴;9—弹簧;10—偏心轮销座;11—垫圈;12—螺母;
13—下分泵油管接头;14—分泵固定螺钉;15—分泵连接油管;16—上分泵油管接头

图 5.4-2 前轮为单向双领蹄式

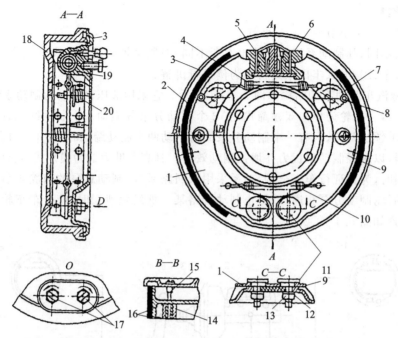

1—前制动蹄；2—摩擦片；3—制动底板；4、10—制动蹄回位弹簧；5—制动分泵；
6—活塞顶块；7—调整偏心轮；8—锁销；9—后制动蹄；11—支撑销；12—弹簧垫圈；
13—螺母；14—制动蹄限位弹簧；15—制动蹄限位杆；16—弹簧座；
17—支撑销内端面标记；18—制动鼓；19—制动分泵；20—制动偏心轮压紧弹簧

图 5.4-3 采用真空助力器

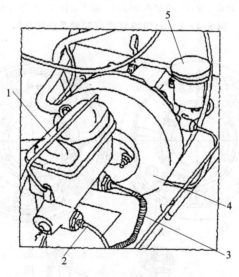

1—泵壳；2—制动管路；3—后制动管路；4—真空助力器；5—离合器总成

图 5.4-4 制动管路布置

图 5.4-5 所示为 BJ2020 型汽车的驻车制动器，属于机械、中央制动鼓式，作用在分动器的后桥输出轴上，用手柄通过拉线操纵。

项目 5 汽车底盘的装配与调试

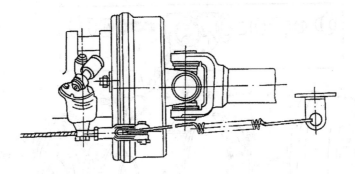

1—传动轴；2—万向节；3—制动底板；4—分动器；5—里程表输出轴；6—调整叉；7—制动鼓；8—回位弹簧

图 5.4－5　BJ2020 型汽车的驻车制动器

5.4.1　北京 BJ2020 型汽车制动器的拆装与调整

一、车轮制动器的分解、装配

1. 车轮制动器的分解

车轮制动器的分解如图 5.4－6 和图 5.4－7 所示。分解方法和步骤如下：

(1) 拆下前（后）轮毂和制动鼓，若制动鼓不需要更换，则制动鼓和轮毂不必拆开。

(2) 拆掉制动蹄回位弹簧、限位拉杆、拉紧弹簧和弹簧盘。

(3) 拆下制动蹄支撑螺母，抽出支承销，拆下制动蹄。

(4) 拆下分泵的油管接头，取下油管，拆下分泵固定螺栓，从制动底板上拆下分泵。

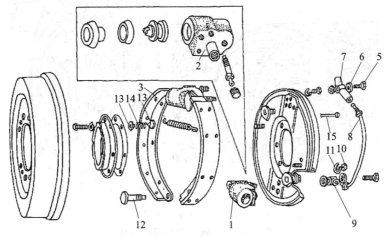

1、2—分泵；3—制动蹄；4—回位弹簧；5—固定螺栓；6、11—垫圈；7、9—套管；8—油管；
10—支承销螺母；12—支承销；13—弹簧盘；14—拉紧弹簧；15—限位杆

图 5.4－6　车轮制动器的分解（一）

2. 制动器的装配顺序

(1) 安装制动分泵（注意：分泵与制动底板左右两车轮不要装错），连接制动油管接头。

(2) 安装制动蹄，将制动蹄的支承销插入制动蹄和底板的承孔内，支承销上的标记应装在相应的位置（偏心环的厚度值高出蹄铁下端口 0.1～0.2 mm），并拧紧固定螺母。

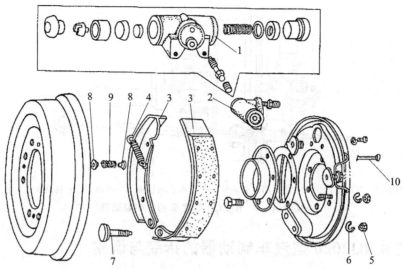

1、2—分泵；3—制动器；4—定位弹簧；5—螺母；6—垫圈；
7—主销；8—弹簧盘；9—拉紧弹簧；10—限位杆

图 5.4-7 车轮制动器的分解(二)

(3) 安装限位弹簧盘、拉紧弹簧及限位杆，装复制动蹄回位弹簧。

(4) 装上轮毂内轴承、轮毂连同制动鼓、外轴承、垫片、调整螺母、锁片及扭紧锁紧螺母。

二、蹄片间隙的调整方法

(1) 在制动底板的背面找到偏心螺栓，如图 5.4-8 所示。

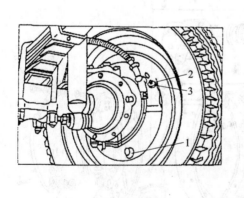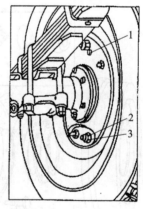

1—偏心轮螺栓；2—支承销；3—锁紧螺母

图 5.4-8 蹄片间隙调整方法

(2) 调整前轮蹄片间隙时，向前转动车轮的同时，向前转动一个偏心螺栓，直到蹄片与制动鼓接触。然后往相反的方向转动偏心螺栓，直到车轮能自由转动，蹄片与制动鼓无摩擦时为止。用同样的方法调整另外一个偏心螺栓。

(3) 调整后轮前蹄片间隙时，向前转动车轮的同时，向前转动前面偏心螺栓，直到蹄片与制动鼓接触，然后往相反的方向转动偏心螺栓，直到车轮能自由转动，蹄片与制动鼓无摩擦时为止；调整后轮后蹄片间隙时，向后转动车轮的同时，向后转动前面偏心螺栓，直到蹄片与制动鼓接触，然后往相反的方向转动偏心螺栓，直到车轮能自由转动，蹄片与制动鼓无摩擦时为止。

注意：平时不允许随意转动制动蹄支承销；左右制动蹄必须使用同一厂家生产的同一规格的摩擦片；左右蹄片间隙应调整一致。

三、驻车制动器的拆卸与分解

驻车制动器的分解如图 5.4-9 所示。

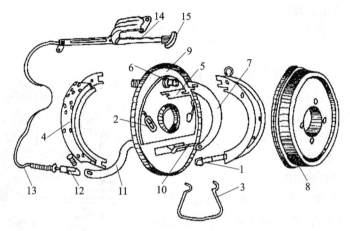

1—调整机构；2—定位弹簧；3—回位弹簧；4—手制动蹄；5—手制动蹄支承板；6—支承销；7—手制动摇臂；8—制动鼓；9—制动底板；10—传动杆；11—摇臂；12—调整叉；13—钢丝绳；14—齿条；15—把手

图 5.4-9 驻车制动器的分解

（1）拆下传动轴与驻车制动鼓的连接螺栓，卸下传动轴。
（2）拆下调整叉与摇臂的连接销钉，取下调整叉。
（3）拆下分动器后桥输出轴连接突缘固定螺母，拉下制动鼓及连接突缘。
（4）拆下制动蹄支承销，卸掉制动蹄及制动底板。

四、驻车制动器的装配与调整

1. 装配顺序

驻车制动器的装配如图 5.4-10 所示。

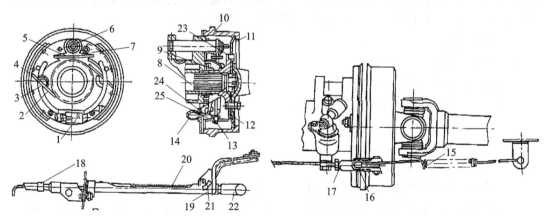

1—调整机构；2—定位弹簧；3—回位弹簧；4—手制动蹄；5—手制动蹄支撑板；6—支承销；7—手制动摇臂；8—分动器后桥输出轴；9—油封；10、16—制动鼓；11—底板；12—堵塞；13、14—摇臂；15—摇臂回位弹簧；17—调整叉；18—手制动钢丝绳及外护套；19—手制动杆护罩；20—齿条；21—棘爪；22—制动手柄；23—螺钉；24—手制动摇臂传动杆；25—销子

图 5.4-10 驻车制动器的装配与调整

(1) 将制动底板通过制动蹄支承销固装在分动器壳体上,再将手制动摇臂通过螺栓和螺母装在右制动蹄上,并将两制动蹄装在支承销的两侧,然后将制动蹄支承板装在两制动蹄端头的凹槽里。

(2) 将两蹄片收拢装上回位弹簧,然后将固定定位弹簧的螺栓扭紧,并使定位弹簧压在回位弹簧的上面,同时压紧蹄片。

(3) 将手制动摇臂与摇臂用传动杆连接起来,装回防尘罩,再将制动蹄张开,安装调整机构。

(4) 将制动鼓及与之连结的分动器后桥输出轴突缘扣在制动底板上,扭紧轴端大螺母。

(5) 将钢丝绳调整叉与摇臂通过销钉连接起来,并挂好摇臂回位弹簧,以保证蹄片回位。

2. 驻车制动器的调整方法

驻车制动器的结构如图5.4-11所示。

(1) 调整蹄片间隙。取下堵塞,用螺钉旋具插入制动鼓上的调整孔内,拨动调整螺母。先将制动鼓锁死,然后往相反的方向拨动调整螺母,同时转动制动鼓,直到制动鼓能自由转动又无摩擦声,即为合适。

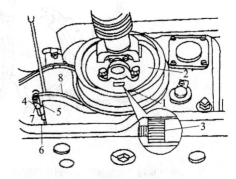

1—堵塞;2—驻车制动鼓;3—调整螺母;4—开口销;
5—销钉;6—锁母;7—调整叉;8—摇臂

图 5.4-11 驻车制动器的结构

(2) 制动拉杆行程的调整。将制动手柄推回到底,卸掉开口销,拿下销钉,松开锁母,转动调整叉,改变钢丝绳拉线的长度。调好后,应将调整叉与摇臂连结好,并锁紧锁母。

5.4.2 桑塔纳轿车制动器的拆装与调整

桑塔纳轿车制动装置采用液压、串联式总泵,带真空助力器,液压系统为对角布置的X型双回路。前轮为浮钳盘式制动器,如图5.4-12所示;后轮为鼓式制动器,如图5.4-13所示。手制动为用于后轮的机械拉锁式,这是现代轿车普遍采用的结构。

一、分解、装配

1. 拆卸与分解

前轮制动器的拆卸与分解见图5.4-12。

(1) 拆下前轮,用手先拆卸上、下定位弹簧。

(2) 用内六角扳手拧松并拆卸上、下固定螺栓。

(3) 取下制动钳壳体。

(4) 从支架上拆下制动摩擦片。

(5) 把制动钳活塞压回到制动钳壳体内。在压回活塞之前,应先从制动液储液罐抽出一部分制动液,以免活塞压回时,引起制动液外溢,进而损坏油漆。制动液具有毒性和较强的腐蚀性,因此排放时,须用专门的塑料瓶或其他容器存放。

(6) 当需要检修活塞时还须继续分解,即从放气螺钉处用压缩空气把活塞从轮缸中压出,同时用旋具小心地从轮缸中取出密封圈。

项目5 汽车底盘的装配与调试

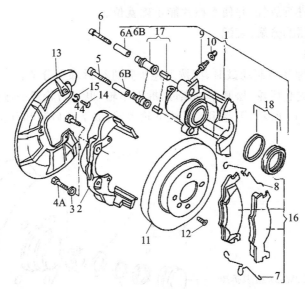

1—制动钳总成；2—制动钳支架；3—垫圈；4、4A、5、6—螺栓；6A、6B—导向销；7、8—防震弹簧；
9—放气螺钉；10—防尘罩；11—制动盘；12—制动盘固定销；13—防溅盘；14—防溅盘固定螺栓；
15—弹簧垫圈；16—制动蹄(修理包)；17—导向销塑料套；18—活塞密封圈和防尘罩

图 5.4-12 浮钳盘式制动器

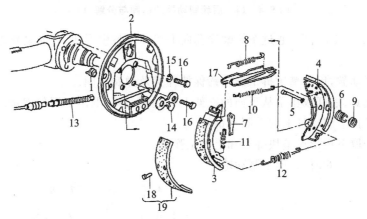

1—观察孔橡胶塞；2—制动底板；3—后轮前制动蹄；4—后轮后制动蹄；5—制动蹄定位销；
6—定位销弹簧；7—制动蹄调整楔形件；8—前制动蹄回位弹簧；9—定位销压簧垫圈；
10—制动蹄回位弹簧；11—楔形件回位弹簧；12—前制动蹄下回位弹簧；13—手制动拉杆；
14—制动拉索导引件；15—垫圈；16—螺栓；17—制动推杆；18—铆钉；19—制动摩擦片

图 5.4-13 鼓式制动器

2. 装 配

(1) 装配应按分解与拆卸的相反顺序进行。安装密封圈和防尘套时应注意：带外密封唇边的防尘套应先用螺钉旋具将内密封唇边掀入钳体的槽口内，然后再用专业工具将活塞压入缸套内，将活塞装入钳体。

(2) 换上新的摩擦片。

(3) 装上制动钳，用 40 N·m 的力矩拧紧紧固螺栓。

(4) 安装上、下定位弹簧。

(5) 装好后应进行放气,并使摩擦片能正确就位。

二、后轮制动器的分解、装配

1. 拆卸与分解

当需要更换摩擦片或制动鼓时,应按下述步骤进行拆卸与分解:

(1) 用千斤顶支起后轮,松开车轮螺母,拆下车轮(也可与轮毂一起拆下)。

(2) 如图5.4-14所示,用专用工具撬下轮毂盖,取下开口销和开槽垫圈,旋下六角螺母,取出止推垫圈。

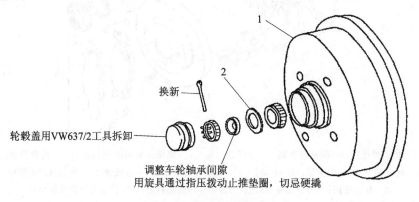

1—制动鼓;2—止推垫圈
图5.4-14 后轮制动器的拆卸与分解(1)

(3) 如图5.4-15所示,通过车轮螺栓孔向上拨动调整楔形块,使制动蹄摩擦片与制动鼓放松。

(4) 拉出制动鼓,用尖嘴钳拆下制动蹄保持弹簧及弹簧座圈。

(5) 借助旋具、撬杆或用手从下面的支架上提起制动蹄,取出下回位弹簧。

(6) 用钳子拆下制动杆上的手制动钢丝。

(7) 用钳子取下楔形调整块弹簧和上回位弹簧。

(8) 如图5.4-16所示,拆下制动蹄。

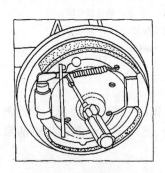

图5.4-15 后轮制动器的
拆卸与分解(2)

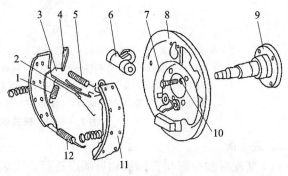

1—用于楔形件的回位弹簧;2—上回位弹簧;3—压力杆;
4—楔形件;5—回位弹簧;6—车轮制动分泵;7—底板固定螺栓;
8—制动底板;9—车轮支承短销;10—弹簧垫圈;
11—带摩擦片的制动蹄;12—下同位弹簧

图5.4-16 后轮制动器的拆卸与分解(3)

(9) 将带推杆的制动蹄夹紧在台钳上,拆下定位弹簧,取下制动蹄。

(10) 如有必要,拆下制动分泵并解体,如图 5.4-17 所示。

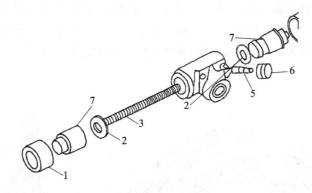

1、6—防尘罩;2—皮圈;3—弹簧;4—车轮制动分泵;5—放气阀;7—活塞

图 5.4-17 制动分泵的分解

2. 制动蹄的装配

装配顺序应按拆卸的相反顺序进行。

(1) 先组装制动分泵。组装时,应注意清洁,活塞和皮圈安装时需涂以制动泵润滑剂,皮碗不得有损坏或膨胀现象。

(2) 装配后检查其密封性,并将制动分泵按规定力矩紧固于制动底板上。

(3) 装上回位弹簧,并将制动蹄与推杆连接好。

(4) 装上楔形调整块,凸出一边朝向制动底板。

(5) 将另一带有传动臂的制动蹄装到推杆上。

(6) 装入回位弹簧,将驻车制动拉锁在传动臂上装好。

(7) 将制动蹄装上制动底板,靠住制动分泵。

(8) 装入下回位弹簧,提起制动蹄,装到下面的支架中。

(9) 装楔形件的拉力弹簧,制动蹄保持弹簧和座圈。

3. 制动鼓的装配

(1) 使制动蹄回位。

(2) 装入制动鼓以及后轮轴承和螺母。

(3) 检查调整好后轮轴承预紧度。

(4) 用力踩制动踏板一次,使制动蹄能正确就位。制动间隙为 0.2～0.3 mm。

三、驻车制动器自由行程的调整过程

驻车制动器的传动机构为机械式钢丝传动,驻车制动的自由行程为驻车制动手柄处 2 齿。当放松驻车制动时,两只后轮都能自由转动。

(1) 松开驻车制动器。

(2) 用力踩制动踏板一次。

(3) 将驻车制动拉杆拉紧 2 齿。

(4) 拧紧调整螺母,直到用手不能旋转两个被制动的后轮。

(5) 松开驻车制动拉杆,两个后轮应能转动自如。

5.4.3 丰田亚洲龙轿车驻车制动器的拆装与调整

丰田轿车的前轮制动器基本与桑塔纳前轮相同,均采用浮钳盘式制动器;后轮有所不同。一般常见的有两种:一种是丰田皇冠3.0轿车的后轮,它采用带驻制动的双向自增力式制动器,如图5.4-18所示,另一种是丰田亚洲龙轿车所采用的行车制动器,为浮钳盘式,驻车制动器为鼓式制动器,如图5.4-19所示。

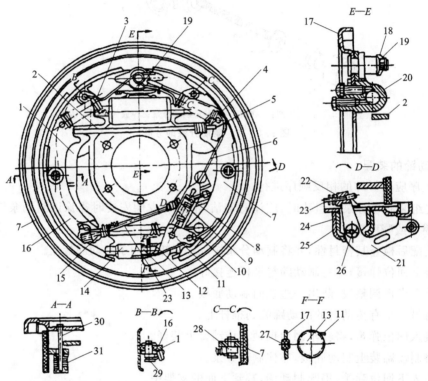

1—驻车制动杠杆;2—驻车制动推杆;3—制动蹄回位弹簧;4—推杆弹簧;5—自调拉绳导向板;6—自调拉绳;7—后制动蹄;8—弹簧支架;9—自调拉绳弹簧;10—自调拨板回位弹簧;11—字条拨板;12—可调顶杆套;13—调整螺钉;14—可调顶杆体;15—拉紧弹簧;16—前制动蹄;17—制动底板;18—垫圈;19—自调拉绳吊环;20—制动轮缸;21—驻车制动摇臂;22—驻车制动限位板;23—驻车制动拉绳;24—摇臂支架;25—防护罩;26—摇臂销轴;27—调整孔堵塞;28—后蹄回位弹簧固定销;29—前蹄回位弹簧固定销;30—制动蹄限位杆;31—制动蹄限位弹簧

图5.4-18 丰田皇冠3.0轿车的后轮

一、驻车制动器的分解

(1) 卸下后轮。

(2) 如图5.4-20所示,拆下后盘式制动器总成。

① 拆下两个装配螺栓,拆下盘式制动器总成。螺栓扭矩为47 N·m。

② 将盘式制动器吊起,以免拉长软管。

(3) 如图5.4-21所示,拆下制动盘。注意:如制动盘难以拆下,可转动制动蹄片间调整装置,直至车轮可自由转动。

(4) 如图5.4-22所示,拆下制动蹄回位弹簧。用尖嘴钳拆下制动蹄片回位弹簧。

项目5 汽车底盘的装配与调试

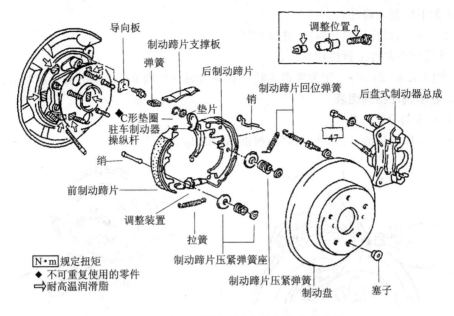

图 5.4-19 丰田亚洲龙轿车行车与驻车制动器

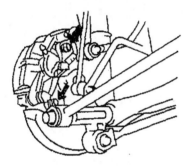

图 5.4-20 丰田亚洲龙后轮
驻车制动器的拆卸(1)

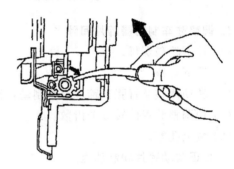

图 5.4-21 丰田亚洲龙后轮
驻车制动器的拆卸(2)

(5) 如图 5.4-23 所示,拆下前制动蹄片,调整装置和拉簧。
① 滑出前制动蹄片,拆下制动蹄片间隙调整装置。
② 拆下制动蹄片压紧弹簧座、弹簧和销。
③ 拆下蹄片支撑板和弹簧。
④ 拉开拉簧,拆出前制动蹄片。

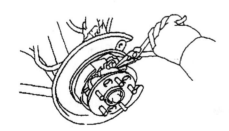

图 5.4-22 拆下制动蹄回位弹簧

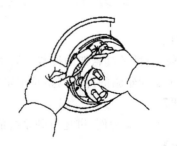

图 5.4-23 拆下前制动蹄片,调整装置和拉簧

(6) 拆下后制动蹄片：

① 拆下制动蹄片压紧弹簧座、弹簧和销。

② 从后制动蹄片上拆出拉簧。

③ 如图 5.4-24 所示，用尖嘴钳从驻车制动器制动片调节杆上脱开驻车制动器拉线。

二、驻车制动器的组装

组装步骤与分解时相反。

注意：在标箭头的零件上涂耐高温润滑脂，如图 5.4-25 所示。

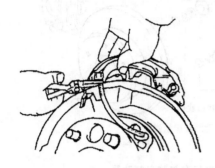

图 5.4-24　脱开驻车制动器拉线

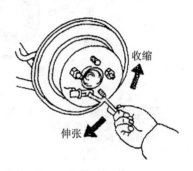

图 5.4-25　涂耐高温润滑脂

1. 调整驻车制动器蹄片间隙

(1) 拧下轮毂螺母。

(2) 取下孔塞。

(3) 转动调整装置张开蹄片直至制动盘锁紧为止。

(4) 把调整装置回转 8 个齿数。

(5) 装上孔塞。

2. 校正制动蹄片和制动盘

(1) 用 147 N 的力踩下驻车制动器踏板。

(2) 以约 50 km/h 的速度在安全、平坦、干燥的路面上行驶。

(3) 在上述条件下将车开出 400 m。

(4) 重复上述程序 2 或 3 次。

最后，重新检查和调整驻车制动器踏板行程。

任务 5.5　行驶系统的拆装与调整

【任务目标】

(1) 掌握前、后桥及其悬架的拆装与调整要领。

(2) 掌握车轮和轮胎的拆装调整及车轮换位。

【任务描述】

以桑塔纳轿车底盘为例，讲述行驶系统的拆装与调整。

【任务实施】

内容详见 5.5.1 小节～5.5.3 小节。

5.5.1 前桥与前悬架的拆卸

一、车轮的拆卸

取下装饰外壳,旋松钢圈螺栓及传动轴轴头固定螺母,顶起车身,取下车轮,如图 5.5-1、图 5.5-2 所示。

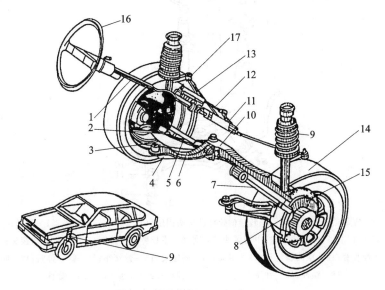

1—安全型转向柱;2—车轮与下悬臂的连接螺栓;3—下摇臂;4—下摇臂橡胶轴承;5—稳定杆;6—副车架;7—传动轴;8—前轮制动钳;9—减震支柱;10—副车架前橡胶轴承;11—齿条式转向装置;12—转向减震器;13—横拉杆;14—前车轮;15—轮毂;16—转向盘;17—车轮轴承壳

图 5.5-1 前桥与前悬架的立体图

二、传动轴的拆卸

(1) 压下下摆臂,以专用工具利用钢圈螺栓孔,由轮毂上顶出传动轴外万向节。

(2) 旋下螺栓,取下护板,撬开内防尘罩,拆下螺栓及锁止垫片,由变速器上取下传动轴(左右各一个)。

三、减震器支柱组件的拆卸

减震器支柱组件的拆卸,如图 5.5-3 和图 5.5-4 所示。

(1) 由车身上方撬下罩盖 13(左右各一个),用内六方扳手顶住活塞杆 22,自下方固定住转向节 6,以专用扳手旋下活塞杆螺母 5。

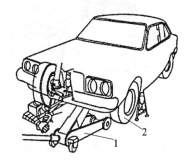

1—千斤顶;2—轮胎

图 5.5-2 车轮的取下

(2) 制动钳的拆卸:按图 5.5-5 所示,旋下固定螺栓 3,拆下制动软管支架(勿放出制动液)并与软管一起用钢丝缚挂在车身上。

(3) 如图 5.5-6 所示,自左右减震器支柱旋下左右横拉杆的球头销螺母 7。如图 5.5-7 所示,由减震器支柱上的固定座上,用专用工具顶出横拉杆球接头。

(4) 如图 5.5-8 所示,由左、右下摆臂 8 上,旋下横向稳定杆紧固螺栓与螺母 23、21 及固定夹螺栓 24,取下横向稳定杆 12(参见图 5.5-3)。

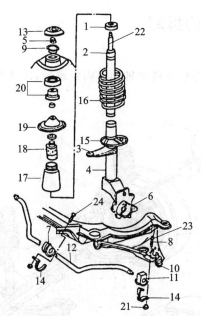

1—螺母盖；2—减震器；3—转向横拉杆球接头固定座；4—减震器支柱；5、21—螺母；
6—转向节；7—横向稳定杆中间缓冲橡胶套；8—下摇臂；9—垫圈；10—下摇臂球接头；
11—缓冲橡胶套；12—横向稳定杆；13—罩盖；14—固定夹；15—弹簧座；16—螺旋弹簧；17—防尘罩；
18—缓冲；19—弹簧上座；20—支撑轴承；22—活塞杆；23、24—螺栓

图 5.5-3 减震器支柱的拆卸

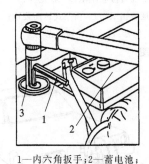

1—内六角扳手；2—蓄电池；
3—专业扳手

图 5.5-4 活塞杆螺母的拆卸

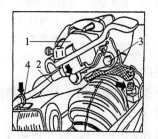

1—制动钳；2—制动软管；
3—制动钳固定螺栓；4—制动管架

图 5.5-5 制动钳的拆卸

(5) 如图 5.5-9 所示，由减震器支柱下端(转向节)旋下自锁螺母，取下螺栓，使下摆臂的球接头与减震器支柱分离，取下减震器支柱组件。

四、减震器支柱组件的分解

1. 制动盘与挡泥板的拆卸

按图 5.5-10 所示，旋下螺栓 3，由轮毂上取下挡泥板 4。旋下螺栓 7，由减震器支柱下端(转向节)上取下挡泥板。

2. 螺旋弹簧的拆卸

以专用工具(1、2)压缩螺旋弹簧，如图 5.5-11 所示，用内六角扳手固定住活塞杆，旋下杆端锁紧螺母，如图 5.5-12 所示，拆下压缩弹簧专用工具，取下螺旋弹簧及弹簧座。

项目 5　汽车底盘的装配与调试

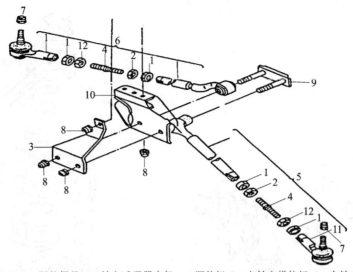

1、8—螺母；2、12—调整螺母；3—转向减震器支架；4—调整杆；5—左转向横拉杆；6—右转向横拉杆；
7—球头销螺母；9—转向减震器连接板；10—转向机齿条连接板；11—球接头

图 5.5-6　转向横拉杆的拆卸

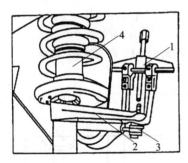

1—工具；2—球接头固定座；
3—横拉杆球接头；4—减震器

图 5.5-7　球接头的顶出

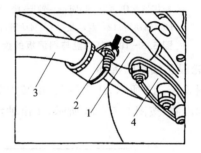

1—下摆臂；2—横向稳定杆固定螺栓及螺母；
3—横向稳定杆；4—下摆臂球接头

图 5.5-8　横向稳定杆的拆卸

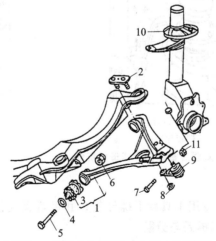

1—下摆臂；2—球接头锁紧板；3—支撑套；4—垫圈；5、7—螺栓；6、8、11—自锁螺母；9—球接头；10—减震器支柱

图 5.5-9　F 摆臂与减震器支柱的分开

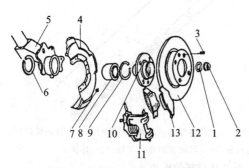
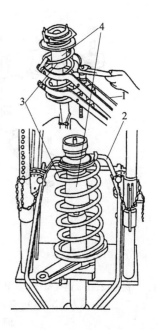

1—垫圈;2—螺母;3、7—螺栓;4—挡泥板;
5—减震器支柱;6、9—挡圈;8—轴承;10—轮毂;
11—制动钳;12—制动盘;13—制动钳衬片

图 5.5-10 制动盘与挡泥板的拆卸

1、2—工具;3—螺旋弹簧;
4—减震器

图 5.5-11 螺旋弹簧的压缩

3. 轮毂及轴承的拆卸

按图 5.5-13 所示,压出轮毂,由减震器支柱上取下两挡圈;按图 5.5-14 所示,由轮毂上拉出轴承内圈;按图 5.5-15 所示,压出轴承。

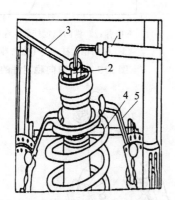
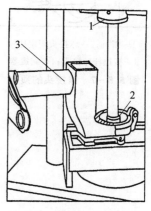

1—内六角扳手;2—活塞杆锁紧螺母;
3—扳手;4—螺旋弹簧;5—工具

图 5.5-12 减震器活塞杆锁紧螺母的拆卸

1—工具;2—轮毂;
3—减震器支柱

图 5.5-13 轮毂的压出

4. 减震器的取出

按图 5.5-16 所示,以专用工具旋下螺母盖 3,由减震器支柱内取出减震器。

五、副车架与下摆臂的拆卸与分解

由副车架上拆下下摆臂,如图 5.5-17 所示,用专用工具压出下摆臂两端衬套,再按图 5.5-18 和图 5.5-19 所示,压出前后支承套。

项目5 汽车底盘的装配与调试

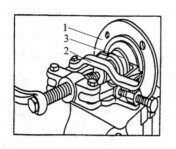

1—轮毂；2—工具；3—轴承内圈

图 5.5-14 轴承内圈的拆卸

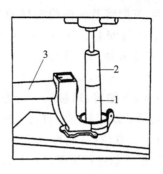

1、2—工具；3—减震器支柱

图 5.5-15 轴承的压出

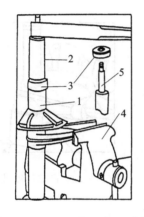

1—减震器支柱；2—工具；3—螺母盖；4—虎钳；5—减震器

图 5.5-16 减震器的取出

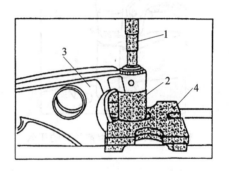

1、2—工具；3—下摇臂；4—工具

图 5.5-17 下摆臂衬套的压出

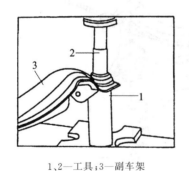

1、2—工具；3—副车架

图 5.5-18 副车架前支承套的压出

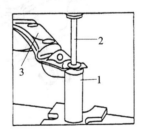

1、2—工具；3—副车架

图 5.5-19 副车架后支承套的压出

5.5.2 前桥与前悬架的装配

前桥与前悬架的装配以拆卸相反的顺序按照下列技术要求进行装配。

一、副车架与下摆臂的组装

(1) 下摆臂的装合：按图 5.5-20～图 5.5-22 所示，压入各个衬套。装上球接头锁紧板和球接头。（自锁螺母，拧紧力矩 65 N·m）

(2) 副车架、下摆臂及横向稳定杆的安装：按图 5.5-23 所示进行安装。注意：必须更换全部旧自锁螺母（不可重复使用）；按规定力矩拧紧各个螺栓，螺栓 2 为 60 N·m，螺栓 7 为 25 N·m，螺栓 10 为 70 N·m；下摆臂、球接头不可左右互换；装毕后副车架内部必须用防腐剂进行处理；装横向稳定杆时，必须注意方位（弯曲部分应位于下面），并使夹箍处于较松状态进行短距离试车，其橡胶支座滑入规定位置后，再以 25 N·m 力矩拧紧稳定杆固定螺栓。

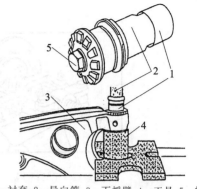

1—衬套；2—导向管；3—下摇臂；4—工具；5—螺栓

图 5.5-20　下摆臂衬套的压入

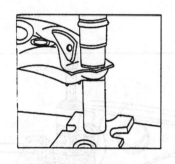

图 5.5-21　副车架前衬套的压入

图 5.5-22　副车架后衬套的压入

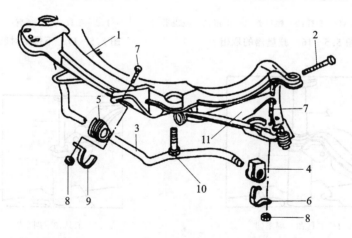

1—副车架；2、7、10—螺栓；3—横向稳定杆；4、5—缓冲橡胶套；
6、9—固定夹箍；8—螺母；11—下摇臂

图 5.5-23　副车架下摆臂与横向稳定杆的安装

二、减震器支柱的安装

(1) 按图 5.5-24 和图 5.5-25 所示，压入减震器支柱轴承（黄油脂润滑）及轮毂轴承（G6 润滑），使弹簧挡圈开口位置相差 180°。检查轴承转动情况，装上挡泥板。

(2) 制动件的安装：擦净制动盘工作表面，装合后用手转动制动盘，应无明显卡滞、异响。

项目5 汽车底盘的装配与调试

1、2—工具;3—轮毂;4—减震器支柱

图 5.5-24 减震器支柱与轮毂的压装

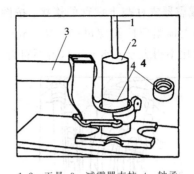

1、2—工具;3—减震器支柱;4—轴承

图 5.5-25 减震器支柱下端轴承的压入

(3)减震器支柱的安装:如图 5.5-26 所示,用虎钳夹住减震器,旋紧螺母盖(150 N·m),按拆卸顺序装合螺旋弹簧、护套、缓冲器、上支座、支承轴承、支承套(车身上)、垫圈、自锁螺母(60 N·m)等。

注意:螺旋弹簧下端头部应与支柱弹簧座凹处相吻合,如图 5.5-27 所示支承套端的间隙应符合规定(大于 8 mm 应更换支承套);自锁螺母需更新(不可重复使用)。

(4)传动轴与轮毂的装配:轮毂花键部位预涂黄油脂,对配用液压转向机的必须于传动轴花键轴外端涂以 5 mm 宽的密封剂 D6(60 min 后方可行驶),再将传动轴内等速万向节与变速器半轴连接,紧固螺栓(45 N·m)并锁牢,如图 5.5-28 和图 5.5-29 所示。

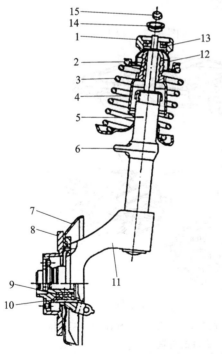

1—支撑套;2—限位缓冲器;3—螺旋弹簧;4—护套;5—减震器;
6—转向臂;7—挡泥板;8—制动盘;9—车轮轴承;10—卡簧;
11—减震器支柱;12—弹簧上座;13—支承轴承;14—垫圈;15—自锁螺母

图 5.5-26 减震器支柱的组装

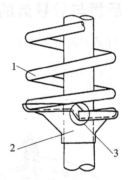

1—螺旋弹簧;2—减震器支柱;3—凹处

图 5.5-27 螺旋弹簧的安装

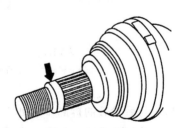

图 5.5-28 在外等速万向节花键轴上涂密封剂 D6

(5) 减震器支柱与下摆臂的连接：按图 5.5-30 所示，用钳子将球接头安装在原装配标记位置，再装上锁紧螺栓及螺母(50 N·m)。检查球接头与挡泥板的间距(上下晃动减震器支柱，其值变化不得大于 0.8 mm)，若不符合规定，则说明球接头安装不当或需更换。

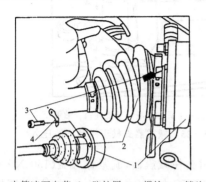

1—内等速万向节；2—防护罩；3—螺栓；4—锁片

图 5.5-29　传动轴与半轴的连接

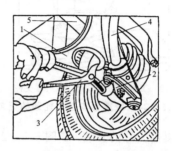

1—下摇臂；2—球接头；3—钳子；4—横向稳定杆；5—传动轴

图 5.5-30　减震器支柱与下摆臂球接头的连接

(6) 装上转向横拉球接头及球头销螺母(30 N·m)；装上车轮及轮毂固定螺母(230 N·m)，旋紧钢圈螺栓(110 N·m)，支起车轮检查轮毂轴向间隙(标准 0.05 mm，使用极限 0.10 mm)。车轮着地后，在车辆全负荷下用手上下摆动车头前部，停摆后，车辆晃动 2~3 次即应停止，否则表明减震器性能不良，应予更换。

5.5.3　后桥与后悬架的拆装与调整

后桥与后悬架的分解与装合分别如图 5.5-31~图 5.5-33 所示。

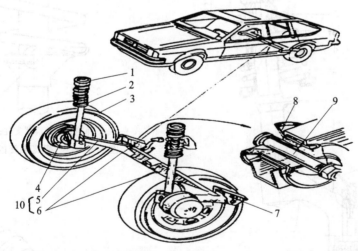

1—支撑杆座；2—减震支柱；3—减震器；4—短轴；5—后摇臂；6—钢板梁；
7—带金属橡胶支撑的轴承支架；8—橡胶金属支撑座；9—螺栓轴；10—后桥体

图 5.5-31　后桥的构造

后轮与后轮毂的拆卸步骤如下：

(1) 用专用工具拆下轮毂盖，取下钢圈螺母盖，旋下钢圈固定螺栓。

(2) 用千斤顶支稳车身后部，取下后轮。

项目5 汽车底盘的装配与调试

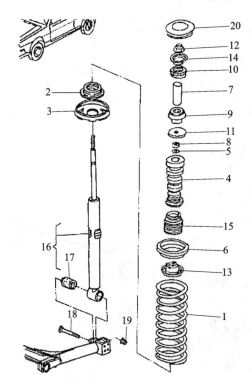

1—螺旋垫圈;2、11—垫圈;3—下垫圈;4—缓冲块;5—卡簧;6、8—隔圈;7—隔套;9—橡胶环;10—上轴承环;12、19—螺母;13—护盖;14—衬盘;15—波纹橡胶管;16—减震器;17—橡胶套;18—螺栓;19—护帽

图 5.5-32 后减震器的构造

（3）拆下开口销、螺母盖、螺母及止推垫。

（4）由制动鼓左上方螺孔伸入螺钉旋具，向上拨动楔形块，调大蹄鼓间的间隙，即可取下轮毂（带制动鼓）。

（5）用专用工具冲出轮毂内外轴承及油封。

【项目评定】

为了解学生对此项目的掌握情况，可通过表 5-2 对学生的理论知识和实际动手能力进行定量评估。

表 5-2 项目评定表

序 号	考核内容	规定分	评分标准
1	正确使用工具、仪器	10 分	工具使用不当扣 10 分
2	正确的拆装顺序	40 分	拆装顺序错误酌情扣分
	零件摆放整齐		摆放不整齐扣 5 分
	能够清楚各个零件的工作原理		叙述不出零件的工作原理扣 5 分
3	正确组装	30 分	组装顺序错误酌情扣分
4	组装后能正常工作	10 分	不能工作扣 10 分
			能部分工作扣 5 分

续表 5-2

序　号	考核内容	规定分	评分标准
5	整理工具,清理现场	10 分	每项扣 2 分,扣完为止
	安全用电,防火,无人身、设备事故		如不按规定执行,本项目按 0 分计
6	分数合计	100 分	

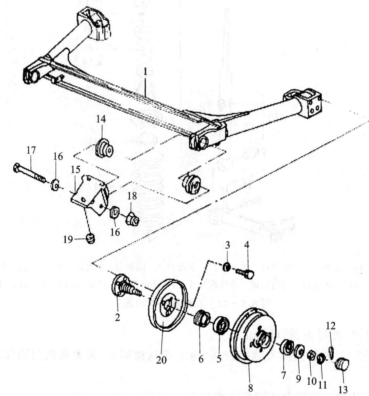

1—后桥体;2—后轮短轴;3、16—垫圈;4—螺栓;5—车轮内轴承;6—油封;
7—车轮外轴承;8—制动毂及轮毂;9—止推垫圈;10、18、19—螺母;11—螺母盖;12—开口销;
13—轮毂盖;14—带橡胶的金属衬套;15—后桥上支撑座;17—螺栓轴;20—制动挡盘

图 5.5-33　后轮毂的构造

习　题

(1) 汽车传动系统的功用是什么?

(2) 普通十字轴刚性万向节为了达到等角速度传动的目的,必须满足什么要求?

(3) 对转向系统有什么要求?

(4) 蜗杆曲柄指销式转向器是怎样工作的?

(5) 拆装悬架时的注意事项有哪些?

项目 6 汽车电气系统的装配与调试

【项目要求】
(1) 熟悉充电系统的拆装步骤。
(2) 掌握启动系统的装配与调试。
(3) 掌握点火系统的装配与调试。
(4) 能进行照明与信号装置的装配与调试。
(5) 能进行组合仪表的装配与调试。
(6) 熟悉辅助电器装置的装配与调试。
(7) 掌握空调系统的装配与调试。

【项目解析】
随着汽车电子、电气设备的发展,汽车电气设备的装配与调试已成为汽车专业学生的必备技能。

任务 6.1 充电系统的拆装

【任务目标】
(1) 正确描述充电系统的组成和各部件的主要作用;
(2) 正确描述交流发电机的基本结构及其主要零部件的功能;
(3) 了解电压调节器的作用和工作原理;
(4) 明确交流发电机的拆装步骤及装配要求。

【任务描述】
一辆 2008 款卡罗拉轿车中高速行驶时,仪表上的充电警告灯开始闪烁。经过技术人员的分析,可能是发电机 V 形带打滑、充电系统线路故障或发电机内部故障,需要对充电系统进行检查或维修。

下面以卡罗拉(1.6 L)轿车为例,讲述充电系统的拆装。

卡罗拉(1.6 L)轿车充电系统部件安装位置如图 6.1-1 和图 6.1-2 所示。拆装发电机相关部件分解图如图 6.1-3 所示,发电机分解图如图 6.1-4 所示。

【任务实施】
内容详见 6.1.1 小节~6.1.4 小节。

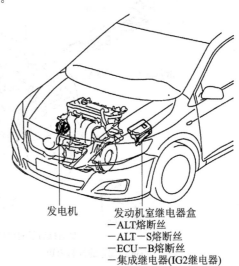

图 6.1-1 充电系统部件安装位置 1

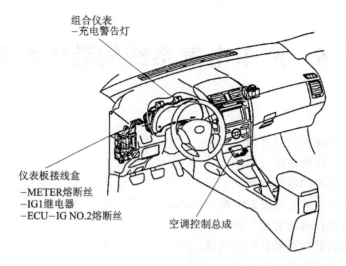

图 6.1-2 充电系统部件安装位置 2

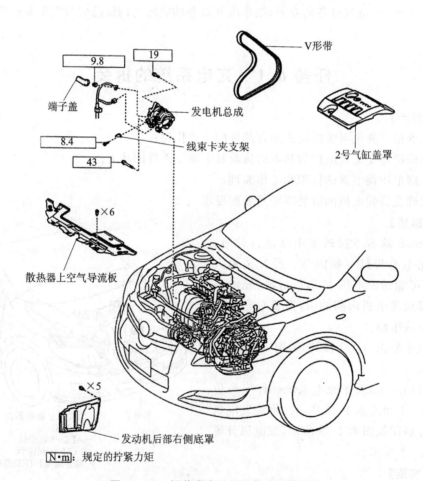

图 6.1-3 拆装发电机相关部件分解图

项目6 汽车电气系统的装配与调试

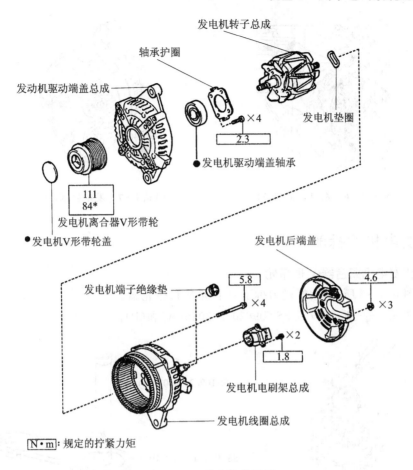

图 6.1-4 发电机分解图

6.1.1 发电机的拆卸

(1) 从蓄电池负极端子上断开电缆。
(2) 拆卸发动机后部右侧底罩。
(3) 拆卸散热器上空气导流板。
(4) 拆卸2号气缸盖罩。
(5) 拆卸V形带。
(6) 拆卸发电机总成：

① 如图6.1-5所示，拆下端子盖，拆下螺母并将线束从端子上断开，断开连接器和线束卡夹。
② 如图6.1-6所示，拆下2个螺栓和发电机总成。
③ 如图6.1-7所示，拆下螺栓和线束卡夹支架。

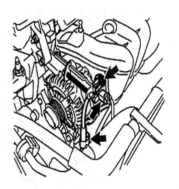

图 6.1-5 发电机拆卸(1)

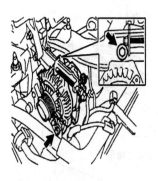

图 6.1-6 发电机拆卸(2)

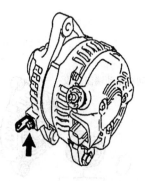

图 6.1-7 发电机拆卸(3)

6.1.2 发电机的拆解

一、拆卸发电机离合器 V 形带轮

（1）如图 6.1-8 所示，用螺丝刀拆下发电机 V 形带轮盖。

（2）如图 6.1-9 所示，设置 SST09820-63020(A) 和 (B)。

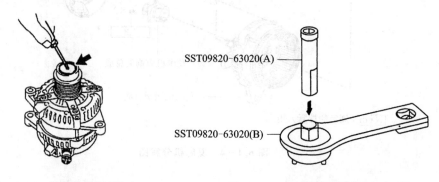

图 6.1-8 发电机的拆解(1)　　　　图 6.1-9 发电机的拆解(2)

（3）如图 6.1-10 所示，将 SST(A) 夹在台虎钳上，将转子轴一端放在 SST(A) 中。

（4）如图 6.1-11 所示，将 SST(B) 安装到离合器 V 形带轮上。

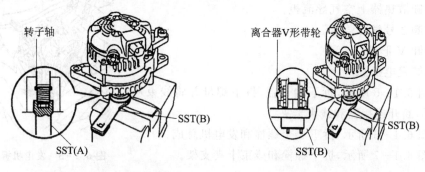

图 6.1-10 发电机的拆解(3)　　　　图 6.1-11 发电机的拆解(4)

（5）按图 6.1-12 所示方向转动 SST(B)，松开 V 形带轮。从 SST 上拆下发电机总成，将离合器 V 形带轮从转子轴上拆下。

二、拆卸发电机后端盖

(1) 如图 6.1-13 所示,将发电机总成放在离合器 V 形带轮上。

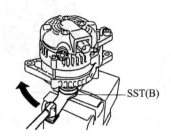

图 6.1-12 发电机的拆解(5)

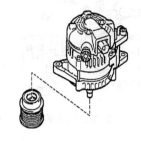

图 6.1-13 发电机的拆解(6)

(2) 如图 6.1-14 所示,拆下 3 个螺母和发电机后端盖。

(3) 拆卸发电机 L 端子绝缘垫。如图 6.1-15 所示,将端子绝缘垫从发电机线圈上拆下。

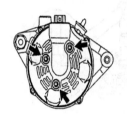

图 6.1-14 发电机的拆解(7)

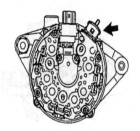

图 6.1-15 发电机的拆解(8)

(4) 拆卸发电机电刷架总成。如图 6.1-16 所示,从发电机线圈上拆下 2 个螺钉和电刷架。

(5) 拆卸发电机线圈总成:

① 如图 6.1-17 所示,拆下 4 个螺栓。

图 6.1-16 发电机的拆解(9)

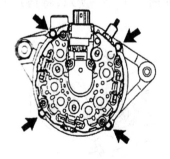

图 6.1-17 发电机的拆解(10)

② 如图 6.1-18 所示,拆下发电机线圈总成。

(6) 拆卸发电机转子总成:

① 如图 6.1-19 所示,拆下发电机垫圈。

② 如图 6.1-20 所示,拆下发电机转子总成。

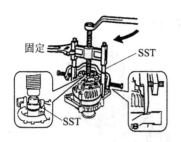  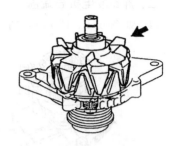

图 6.1-18　发电机的拆解(11)　　图 6.1-19　发电机的拆解(12)　　图 6.1-20　发电机的拆解(13)

(7) 拆卸发电机驱动端盖轴承：
① 如图 6.1-21 所示，从驱动端盖上拆下 4 个螺钉和挡片。
② 如图 6.1-22 所示，从驱动盖中敲出驱动端盖轴承。

 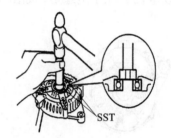

图 6.1-21　发电机的拆解(14)　　　　图 6.1-22　发电机的拆解(15)

6.1.3　发电机的重新装配

一、安装发电机驱动端盖轴承

(1) 如图 6.1-23 所示，用 SST 和压力机压入一个新的发电机驱动端盖轴承。
(2) 如图 6.1-24 所示，将挡片上的凸舌嵌入驱动端盖上的切口中，以安装挡片，安装 4 个螺钉。

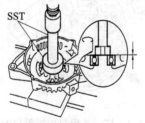 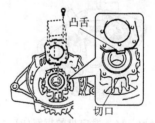

图 6.1-23　发电机的　　　　　图 6.1-24　发电机的
　　　　重新装配(1)　　　　　　　　　重新装配(2)

二、安装发电机转子总成

(1) 将驱动端盖放在离合器 V 形带轮上。
(2) 将发电机转子总成安装到驱动端盖上(见图 6.1-20)。
(3) 将发电机垫圈放在发电机转子上(见图 6.1-19)。

三、安装发电机线圈总成

(1) 如图 6.1-25 所示,使用 SST09612.70100(09612-07240)和压力机,慢慢地压入发电机线圈总成。

(2) 安装 4 个螺栓(见图 6.1-17)。

四、安装发电机电刷架总成

(1) 如图 6.1-26 所示,将 2 个电刷推入发电机电刷架总成的同时,在电刷架孔中插入一个直径为 1.0 mm 的销。

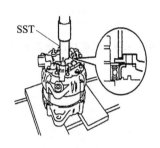

图 6.1-25　发电机的重新装配(3)

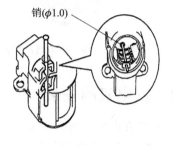

图 6.1-26　发电机的重新装配(4)

(2) 如图 6.1-27 所示,用 2 个螺钉将电刷架总成安装到发电机线圈上。

(3) 如图 6.1-28 所示,将销从发电机电刷架中拔出。

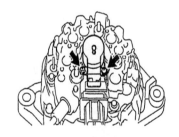

图 6.1-27　发电机的重新装配(5)

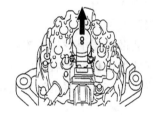

图 6.1-28　发电机的重新装配(6)

五、安装发电机端子绝缘垫

将端子绝缘垫安装到发电机线圈上。注意图 6.1-29 所示端子绝缘垫的安装方向。

六、安装发电机后端盖

用 3 个螺母将发电机后端盖安装到发电机线圈上。

七、安装发电机离合器 V 形带轮

(1) 将离合器 V 形带轮暂时安装到转子轴上。

(2) 设置 SST09820-63020(A)和(B)。

(3) 将 SST(A)夹在台虎钳上,将转子轴一端放在 SST(A)中。

(4) 将 SST(B)安装到离合器 V 形带轮上。

(5) 按图 6.1-30 所示方向转动 SST(B),紧固 V 形带轮。注意:使用力臂长度为 318 mm 的扭力扳手。当 SST 与扭力扳手平行时,扭矩值有效。

(6) 从 SST 上拆下发电机总成。

(7) 检查并确认离合器 V 形带轮旋转平稳。
(8) 将一个新的离合器 V 形带轮盖安装到离合器 V 形带轮上。

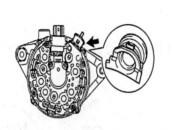

图 6.1-29 发电机的重新装配(7)

图 6.1-30 发电机的重新装配(8)

6.1.4 发电机的安装

(1) 安装发电机总成。
① 用螺栓安装线束卡夹支架。
② 用 2 个螺栓暂时安装发电机总成。
③ 用螺母将线束安装到端子 B 并安装端子盖,安装连接器和线束卡夹。
(2) 安装 V 形带。
(3) 调整 V 形带。
(4) 检查 V 形带。
(5) 安装 2 号气缸盖罩。
(6) 安装散热器上空气导流板。
(7) 安装发电机后部右侧底罩。
(8) 将电缆连接到蓄电池负极端子上。

任务 6.2 启动系统拆装

【任务目标】
(1) 正确描述启动系统的组成和各部件的主要作用。
(2) 正确描述启动机的基本结构、主要零部件的功能及工作原理。
(3) 明确启动机的拆装步骤及装配要求。

【任务描述】
一辆 2009 款卡罗拉(1.6 L)轿车不能启动,点火开关旋转到启动挡,能听到启动机旋转声音无力。经技术人员分析,可能为启动机故障,需要对启动机进行检查或维修。

【任务实施】
内容详见 6.2.1 小节~6.2.4 小节。
卡罗拉 1.6 L 轿车启动系统部件安装位置如图 6.2-1 和图 6.2-2 所示。
拆装启动机相关部件的分解图如图 6.2-3 所示,启动机分解图如图 6.2-4 所示。

项目6 汽车电气系统的装配与调试

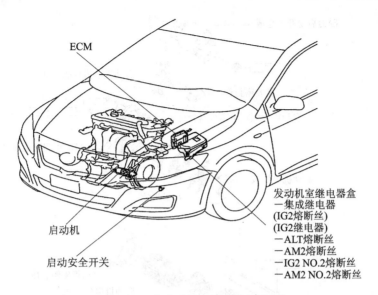

图 6.2-1 启动系统部件安装位置(1)

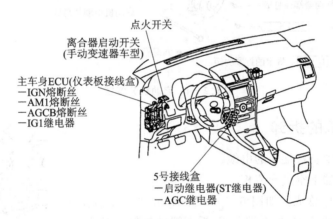

图 6.2-2 启动系统部件安装位置(2)

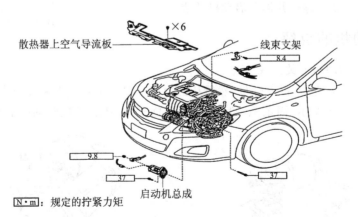

N·m：规定的拧紧力矩

图 6.2-3 拆装启动机相关部件的分解图

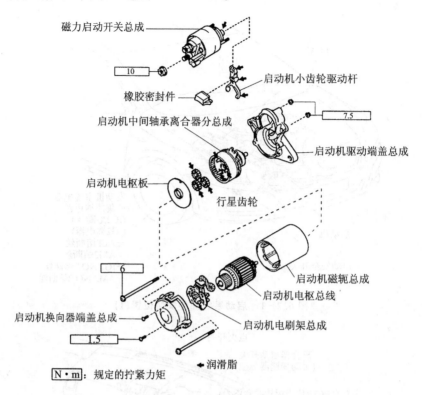

图 6.2-4 启动机分解图

6.2.1 启动机的拆卸

(1) 断开蓄电池负极端子的电缆。
(2) 拆卸散热器上空气导流板。
(3) 拆卸启动机总成。如图 6.2-5 所示,分离 2 个线束卡夹。拆下螺栓和线束支架,拆下端子盖,拆下螺母并断开端子 30,断开连接器。拆下 2 个螺栓并拆下启动机总成。

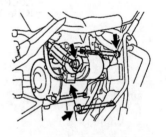

图 6.2-5 启动机的拆卸

6.2.2 启动机的拆解

1. 拆卸磁力启动机开关总成

(1) 如图 6.2-6 所示,拆下螺母,然后从磁力启动机开关总成上断开引线。
(2) 如图 6.2-7 所示,固定磁力启动机开关总成时,从启动机驱动端盖总成上拆下 2 个螺母。

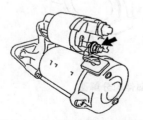

图 6.2-6 启动机的拆解(1)

图 6.2-7 启动机的拆解(2)

(3) 如图 6.2-8 所示,拉出磁力启动机开关总成,并且在提起磁力启动机开关总成前部时,从驱动杆和磁力启动机开关总成上松开铁芯挂钩。

2. 拆卸启动机磁轭总成

(1) 如图 6.2-9 所示,拆下 2 个螺钉。

图 6.2-8 启动机的拆解(3)

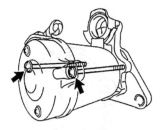

图 6.2-9 启动机的拆解(4)

(2) 如图 6.2-10 所示,将启动机磁轭和启动机换向器端架总成一起拉出。

(3) 如图 6.2-11 所示,从启动机换向器端架总成上拉出启动机磁轭总成。

3. 拆卸启动机电枢总成

如图 6.2-12 所示,从启动机磁轭总成上拆下启动机电枢总成。

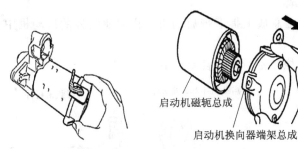

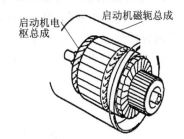

图 6.2-10 启动机的拆解(5)   图 6.2-11 启动机的拆解(6)   图 6.2-12 启动机的拆解(7)

4. 拆卸启动机电枢板

如图 6.2-13 所示,从启动机驱动端盖总成或启动机磁轭总成上拆下电枢板。

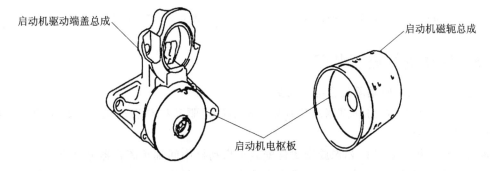

图 6.2-13 启动机的拆解(8)

5. 拆卸启动机电刷架总成

（1）如图6.2-14所示，从启动机换向端架总成上拆下2个螺钉。

（2）如图6.2-15所示，拆下卡夹卡爪，然后从启动机换向器端架总成上拆下电刷架总成。

图6.2-14 启动机的拆解(9)

图6.2-15 启动机的拆解(10)

6. 拆卸行星齿轮

如图6.2-16所示，从启动机中间轴承离合器分总成上拆下3个行星齿轮。

7. 拆卸启动机中间轴承离合器分总成

如图6.2-17所示，从启动机驱动端盖总成上拆下带启动机小齿轮驱动杆的启动机中间轴承离合器分总成。

拆下启动机中间轴承离合器分总成、橡胶密封件和启动机小齿轮驱动杆。

图6.2-16 启动机的拆解(11)

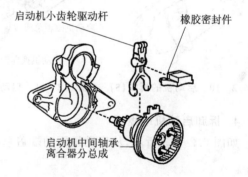

图6.2-17 启动机的拆解(12)

6.2.3 启动机的重新装配

1. 安装启动机中间轴承离合器分总成

如图6.2-18所示，将润滑脂涂抹到启动机小齿轮驱动杆与启动机小齿轮驱动杆的启动机枢轴的接触部分。

将启动机小齿轮驱动杆和橡胶密封件安装至启动机中间轴承离合器分总成。

将启动机中间轴承离合器和启动机小齿轮驱动杆一起安装至启动机驱动端盖总成。

2. 安装行星齿轮

如图6.2-19所示，在行星齿轮和行星轴销部位涂抹润滑脂。安装3个行星齿轮。

项目6 汽车电气系统的装配与调试

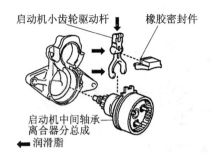

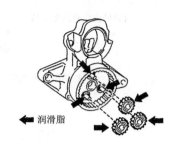

图 6.2-18 启动机的重新装配(1)　　　　图 6.2-19 启动机的重新装配(2)

3. 安装启动机电刷架总成

（1）如图 6.2-20 所示，安装电刷架。用螺丝刀抵住电刷弹簧，将 4 个电刷安装到电刷盖上。

（2）如图 6.2-21 所示，将密封垫插入正极（＋）和负极（－）之间。

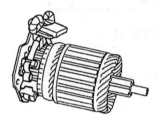

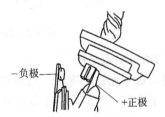

图 6.2-20 启动机的重新装配(3)　　　　图 6.2-21 启动机的重新装配(4)

4. 安装启动机换向器端盖总成

（1）如图 6.2-22 所示，将电刷架卡夹装配到启动机换向器端架总成上。

（2）如图 6.2-23 所示，用 2 个螺钉安装换向器端架。

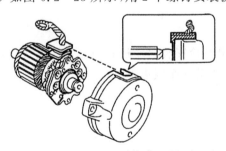

图 6.2-22 启动机的重新装配(5)　　　　图 6.2-23 启动机的重新装配(6)

5. 安装启动机电枢总成

如图 6.2-24 所示，将橡胶件对准启动机磁轭总成的凹槽。将带电刷架的启动机电枢安装到启动机磁轭总成上。注意：支撑启动机电枢，以防启动机磁轭总成的磁力将其从启动机电刷架中拉出。

6. 安装启动机电枢板

如图 6.2-25 所示，将启动机电枢板安装至启动机磁轭总成。安装启动机板，使键槽位于键 A 和键 B 之间。

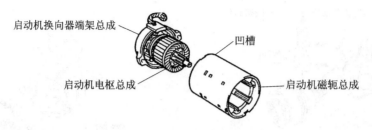

图 6.2-24　启动机的重新装配(7)

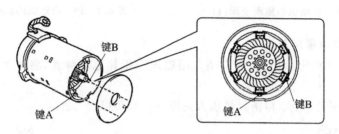

图 6.2-25　启动机的重新装配(8)

7. 安装启动机磁轭总成

(1) 将启动机磁轭键对准位于启动机驱动端盖总成上的键槽。

(2) 用2个螺钉安装启动机磁轭总成。

8. 安装磁力启动机开关总成

(1) 在铁芯挂钩上涂抹润滑脂。

(2) 将磁力启动机开关总成的铁芯从上侧接合到驱动杆上(见图6.2-8)。

(3) 用2个螺母安装磁力启动机开关总成(见图6.2-7)。

(4) 将引线连接至磁力启动机开关,然后用螺母紧固(见图6.2-6)。

6.2.4　启动机的安装

(1) 安装启动机总成(见图6.2-5)。用2个螺栓安装启动机总成。连接连接器,用螺母连接端子20,合上端子盖,用螺栓安装线束支架,安装2个线束卡夹。

(2) 安装散热器上空气导流板。

(3) 将电缆连接到蓄电池负极端子上。

任务6.3　点火系统拆装

【任务目标】

(1) 了解传统点火系统的组成和各部件的作用。

(2) 正确描述电子点火系统的组成、工作原理和各主要部件的作用。

(3) 正确分析点火系统的电路图。

(4) 明确点火系统主要部件的拆装步骤。

【任务描述】

一辆2009款卡罗拉(1.6 L)自动挡轿车,出现发动机怠速不稳,甚至有时无怠速。经维修人员检查分析,确定为电子点火系统的故障,需对电子点火系统的各部件进行检查或维修。

【任务实施】

内容详见6.3.1小节和6.3.2小节。

卡罗拉(1.6 L)轿车点火系统部件安装位置如图6.3-1和图6.3-2所示。

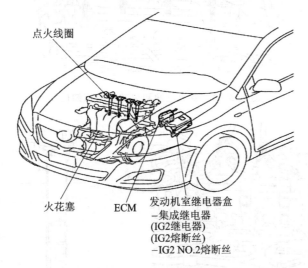

图6.3-1　卡罗拉(1.6 L)轿车点火系统部件安装位置(1)

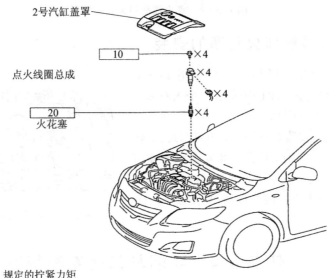

[N·m]：规定的拧紧力矩

图6.3-2　卡罗拉(1.6 L)轿车点火系统部件安装位置(2)

6.3.1　点火线圈和火花塞的拆卸

(1) 拆卸2号气缸罩。

(2) 拆卸点火线圈总成：

① 如图6.3-3所示,断开4个点火线圈连接器。

② 如图6.3-4所示,拆下4个螺栓和4个点火线圈。

③ 拆卸火花塞。如图 6.3-5 所示,用 14 mm 火花塞扳手和 100 mm 加长杆拆下 4 个火花塞。

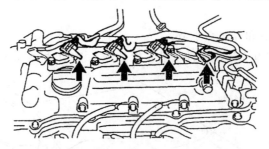

图 6.3-3　点火线圈和火花塞的拆卸(1)

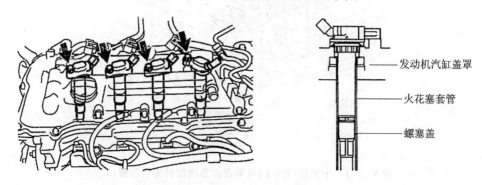

图 6.3-4　点火线圈和火花塞的拆卸(2)

6.3.2　点火线圈和火花塞的安装

（1）安装火花塞（见图 6.3-5）。用 14 mm 火花塞扳手和 100 mm 加长杆安装 4 个火花塞。

（2）安装点火线圈总成：

① 用 4 个螺栓安装 4 个点火线圈（见图 6.3-3）。注意：安装点火线圈时,不要损坏发动机盖罩开口上的火花塞盖或火花塞套管底部边缘。

② 连接 4 个点火线圈连接器（见图 6.3-2）。

（3）安装 2 号气缸罩。

图 6.3-5　点火线圈和火花塞的拆卸(3)

任务6.4　照明与信号系统拆装

【任务目标】

（1）正确描述照明与信号系统各部件的作用及工作原理。

（2）正确分析照明与信号系统的电路图。

（3）正确操作照明与信号系统的开关。

（4）明确汽车照明与信号系统的拆装步骤及装配要求。

【任务描述】

一辆 2008 款卡罗拉（1.6 L）轿车的一个前照灯不亮。经技术人员分析,可能为前照灯灯泡损坏或前照灯线路故障,需要对照明系统进行检查或维修。

【任务实施】

内容详见6.4.1小节～6.4.6小节。

6.4.1 前照灯总成的拆装

卡罗拉(1.6 L)轿车照明系统在车上的布置分别如图6.4-1～图6.4-3所示。

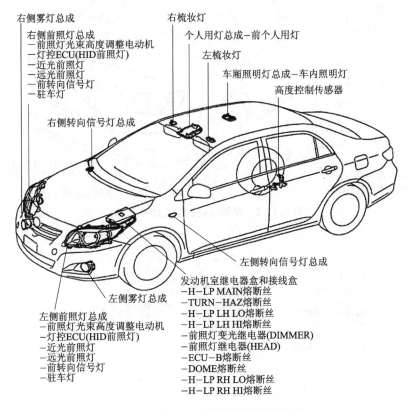

图6.4-1 照明系统在车上的布置(1)

拆装前照灯总成相关部件分解图如图6.4-4～图6.4-7所示。

1. 前照灯总成的拆卸

(1) 拆卸散热器上空气导流板。

(2) 断开蓄电池负极端子上的电缆(HID前照灯)。注意:断开蓄电池电缆后重新连接时系统需要初始化。

(3) 拆卸散热器格栅防护罩。

(4) 拆卸前保险杠总成。

(5) 排空冲洗液(带前照灯冲洗装置车型)。

(6) 拆卸前照灯总成。如图6.4-8所示,拆下2个螺栓和螺钉,脱开卡爪,断开连接器。

2. 前照明总成的安装

(1) 安装前照灯总成(见图6.4-8)。连接连接器,接合卡爪,用2个螺栓和1个螺钉安装前照灯总成。

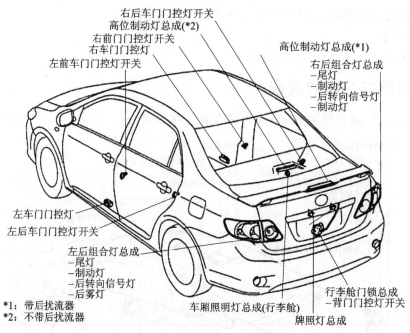

*1：带后扰流器
*2：不带后扰流器

图6.4-2　照明系统在车上的布置(2)

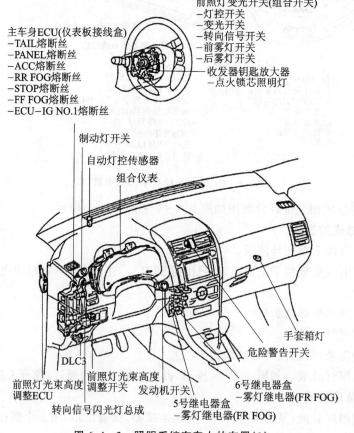

图6.4-3　照明系统在车上的布置(3)

项目6 汽车电气系统的装配与调试

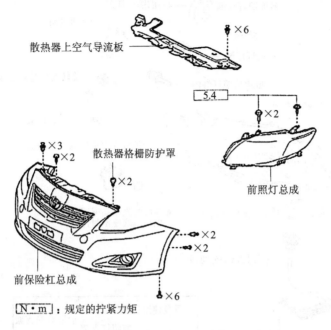

图 6.4-4 拆装前照灯总成相关部件分解图(1)

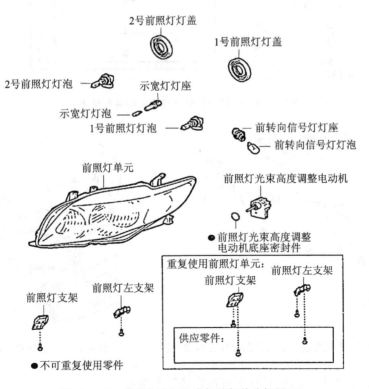

图 6.4-5 拆装前照灯总成相关部件分解图(2)

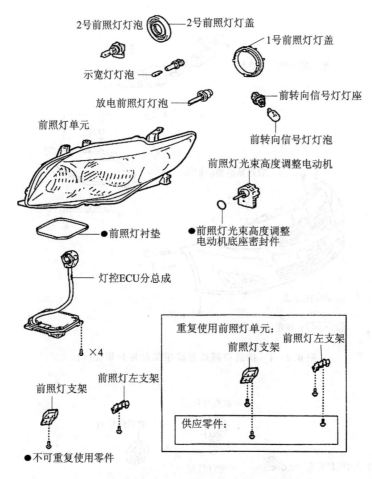

图 6.4-6　拆装前照灯总成相关部件分解图(3)

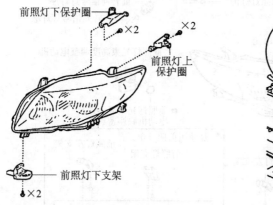

图 6.4-7　拆装前照灯总成相关部件分解图(4)

图 6.4-8　前照灯总成的拆卸

(2) 将储水罐加满冲洗液(带前照灯冲洗装置车型)。
(3) 安装前保险杠总成。
(4) 安装散热器格栅防护罩。

(5) 将电缆连接到蓄电池负极端子。注意：断开蓄电池电缆后重新连接系统需要初始化。

(6) 安装散热器上空气导流板。

(7) 进行前照灯对光调整前的车辆准备工作。

(8) 前照灯对光准备工作。

(9) 前照灯对光检查。

(10) 前照灯对光调整。

(11) 进行雾灯对光调整前的车辆准备工作。

(12) 进行雾灯对光准备工作。

(13) 雾灯对光检查。

(14) 雾灯对光调整。

6.4.2　侧转向信号灯总成的拆装

侧转向信号灯总成安装位置如图6.4-9所示。

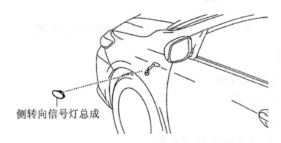

图6.4-9　侧转向信号灯总成安装位置

1. 侧转向信号灯总成的拆卸

如图6.4-10所示，松开2个卡爪，断开侧转向信号灯总成；断开连接器，拆下侧转向信号灯总成。

2. 侧转向信号灯总成的安装

如图6.4-11所示，连接连接器，接合2个卡爪，安装侧转向信号灯总成。

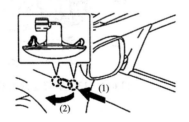 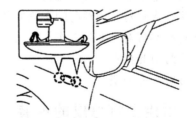

图6.4-10　侧转向信号灯总成的拆卸　　　图6.4-11　侧转向信号灯总成的安装

6.4.3　雾灯总成的拆装

拆装雾灯总成相关部件分解图如图6.4-12所示。

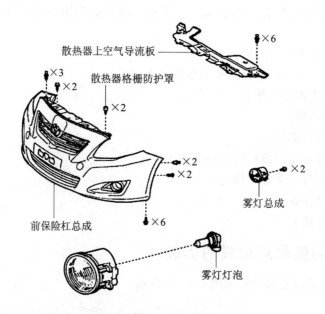

图 6.4-12　拆装雾灯总成相关部件分解图

1. 雾灯总成的拆卸

(1) 拆卸散热器上空气导流板。

(2) 拆卸散热器格栅防护罩。

(3) 拆卸前保险杠总成。

(4) 排空冲洗液(带前照灯冲洗装置车型)。

(5) 拆卸雾灯总成,如图 6.4-13 所示,拆下 2 个螺钉和雾灯总成。

2. 雾灯总成的安装

(1) 用 2 个螺钉安装雾灯总成(见图 6.4-13)。

(2) 将储水罐加满冲洗液(带前照灯冲洗装置车型)。

(3) 安装前保险杠总成。

(4) 安装散热器格栅防护罩。

(5) 安装散热器上空气导流板。

(6) 进行雾灯对光调整前的车辆准备工作。

(7) 进行雾灯对光准备工作。

(8) 雾灯对光检查。

(9) 雾灯对光调整。

6.4.4　后组合灯总成的拆装

拆装后组合灯总成相关部件分解图如图 6.4-14 和图 6.4-15 所示。

1. 后组合灯总成的拆卸

(1) 拆卸后组合灯检修孔盖。如图 6.4-16 所示,脱开 2 个卡爪,脱开 2 个导销,并拆下后组合灯检修孔盖。

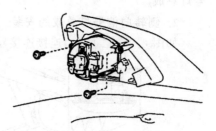

图 6.4-13　雾灯总成的拆卸

项目 6　汽车电气系统的装配与调试

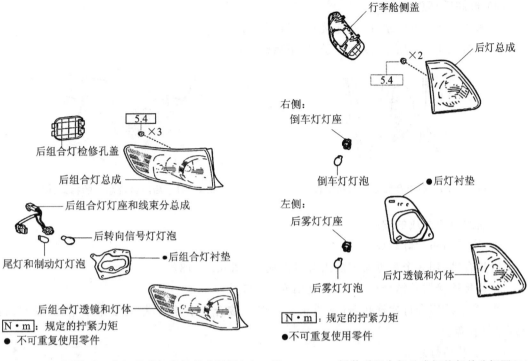

图 6.4-14　拆装后组合灯总成相关部件分解图(1)　　图 6.4-15　拆装后组合灯总成相关部件分解图(2)

(2) 拆卸后组合灯总成：

① 如图 6.4-17 所示，断开连接器并脱开 2 个卡夹。

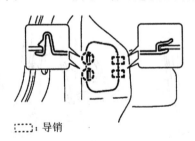

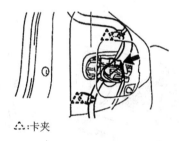

图 6.4-16　后组合灯总成的拆卸(1)　　图 6.4-17　后组合灯总成的拆卸(2)

② 如图 6.4-18 所示，拆下 3 个螺母，脱开销，并拆下后组合灯总成。

(3) 拆卸行李舱侧盖。如图 6.4-19 所示，脱开 2 个卡爪，脱开 2 个导销，并拆下行李舱侧盖。

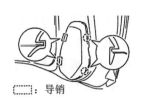

图 6.4-18　后组合灯总成的拆卸(3)　　图 6.4-19　后组合灯总成的拆卸(4)

· 177 ·

(4) 拆卸后灯总成：

① 如图 6.4-20 所示，断开连接器并拆下 2 个螺母。

② 如图 6.4-21 所示，脱开卡子，拆下后灯总成。

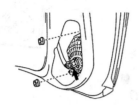

图 6.4-20　后组合灯总成的拆卸(5)

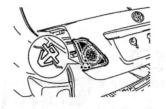

图 6.4-21　后组合灯总成的拆卸(6)

2. 后组合灯总成的安装

(1) 安装后组合灯总成：

① 接合销，用 3 个螺母安装后组合灯总成(见图 6.4-18)。

② 连接连接器并结合 2 个卡夹(见图 6.4-17)。

(2) 安装后组合灯检修孔盖(见图 6.4-16)。接合 2 个导销，接合 2 个卡爪，并安装后组合灯检修孔盖。

(3) 安装后灯总成：

① 如图 6.4-22 所示，接合卡子。

② 如图 6.4-23 所示，用 2 个螺母安装后灯总成，连接连接器。

(4) 安装行李舱侧盖。如图 6.4-24 所示，接合 2 个导销，接合 2 个卡爪并安装行李舱后盖。

图 6.4-22　后组合灯总成的安装(1)

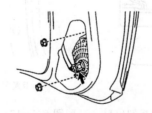

图 6.4-23　后组合灯总成的安装(2)

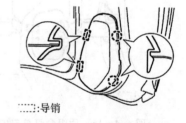

图 6.4-24　后组合灯总成的安装(3)

6.4.5　制动灯开关的拆装

拆装制动灯开关相关部件分解图如图 6.4-25 所示。

1. 制动灯开关的拆卸

(1) 拆卸仪表板 1 号底罩分总成。

(2) 拆卸制动灯开关总成：

① 如图 6.4-26 所示，断开连接器。

② 如图 6.4-27 所示，逆时针转动制动灯开关总成，将其拆下。

项目6 汽车电气系统的装配与调试

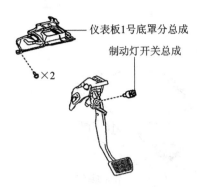

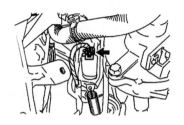

图 6.4-25 拆装制动灯开关相关部件分解图　　图 6.4-26 制动灯开关的拆卸(1)

2. 制动灯开关的安装

(1) 安装制动灯开关总成：

① 如图 6.4-28 所示,插入制动灯开关总成,直到推杆触及缓冲垫。注意:插入制动灯开关总成时,从后面支撑踏板,否则踏板会被按进去。

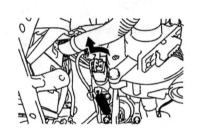

图 6.4-27 制动灯开关的拆卸(2)　　　　图 6.4-28 制动灯开关的安装(1)

② 如图 6.4-29 所示,顺时针转动 1/4 圈,安装制动灯开关总成。注意:插入制动开关总成时,从后面支撑踏板,否则踏板会被按进去。

③ 连接连接器(见图 6.4-26)。

④ 如图 6.4-30 所示,检查推杆的凸出部分。推杆的凸出部分心为 1.5~2.5 mm。如果凸出部分不在规定范围内,则进行调整。注意:不要踩下制动踏板。

(2) 安装仪表板 1 号底罩分总成。

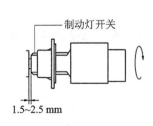

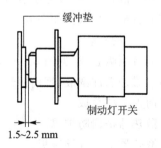

图 6.4-29 制动灯开关的安装(2)　　　图 6.4-30 制动灯开关的安装(3)

6.4.6 喇叭的拆装

卡罗拉(1.6 L)轿车喇叭在车上的布置如图 6.4-31 所示。

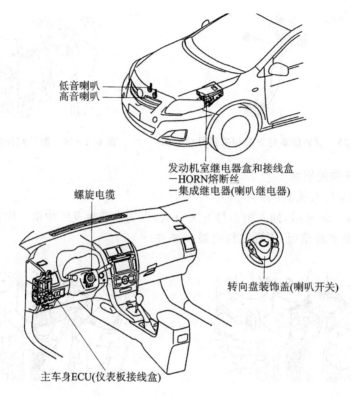

图 6.4-31 喇叭在车上的布置

1. 低音喇叭的拆装

拆装低音喇叭相关部件分解图如图 6.4-32 所示。

(1) 低音喇叭的拆卸：

① 拆卸散热器上空气导流板。

② 拆卸散热器格栅防护罩。

③ 拆卸前保险杠总成。

④ 排空冲洗液(带前照灯冲洗装置车型)。

⑤ 拆卸低音喇叭总成。如图 6.4-33 所示，断开连接器，拆下螺栓和低音喇叭总成。

(2) 低音喇叭的安装：

① 安装低音喇叭总成(见图 6.4-33)。用螺栓安装低音喇叭总成，连接连接器。

② 将储水罐加满冲洗液(带前照灯冲洗装置车型)。

③ 安装前保险杠总成。

④ 安装散热器格栅防护罩。

⑤ 安装散热器上空气导流板。

⑥ 进行雾灯对光调整的车辆准备工作。

⑦ 进行雾灯对光准备工作。

——项目 6　汽车电气系统的装配与调试

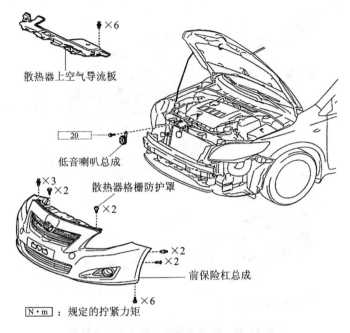

图 6.4-32　拆装低音喇叭相关部件分解图

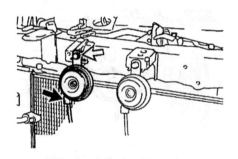

图 6.4-33　低音喇叭的拆卸

⑧ 雾灯对光检查。
⑨ 雾灯对光调整。

2. 高音喇叭的拆装

拆装高音喇叭相关部件分解图如图 6.4-34 所示。

(1) 高音喇叭的拆卸：
① 拆卸散热器上空气导流板。
② 拆卸散热器格栅防护罩。
③ 拆卸前保险杠总成。
④ 排空冲洗液（带前照灯冲洗装置车型）。
⑤ 拆卸高音喇叭总成。如图 6.4-35 所示，断开连接器，拆下螺栓和高音喇叭总成。

(2) 高音喇叭的安装：
① 安装高音喇叭总成（见图 6.4-35）。用螺栓安装高音喇叭总成，连接连接器。
② 将储水罐加满冲洗液（带前照灯冲洗装置车型）。

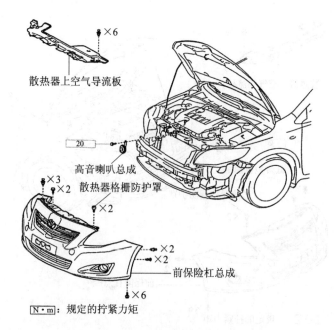

图 6.4-34 拆装高音喇叭相关部件分解图

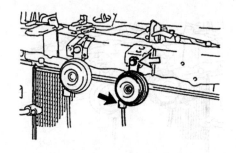

图 6.4-35 高音喇叭的拆卸

③ 安装前保险杠总成。
④ 安装散热器格栅防护罩。
⑤ 安装散热器上空气导流板。
⑥ 进行雾灯对光调整的车辆准备工作。
⑦ 进行雾灯对光准备工作。
⑧ 雾灯对光检查。
⑨ 雾灯对光调整。

任务6.5 组合仪表和报警装置的拆装

【任务目标】
(1) 正确描述仪表和报警装置以及电子显示系统的作用。
(2) 正确描述仪表和报警装置的组成及主要部件的作用及工作原理。

(3) 正确分析仪表和报警装置的电路图。
(4) 明确汽车组合仪表的拆装步骤及装配要求。

【任务描述】

一辆 2008 款卡罗拉(1.6 L)轿车燃油表不工作。经技术人员分析,燃油表线路有故障或燃油表本身有故障,需要对仪表装置进行检查或维修。

【任务实施】

内容详见 6.5.1 小节和 6.5.2 小节。

卡罗拉(1.6 L)轿车组合仪表和报警装置在车上布置如图 6.5-1~图 6.5-3 所示。

拆装组合仪表相关部件分解图如图 6.5-4 所示。

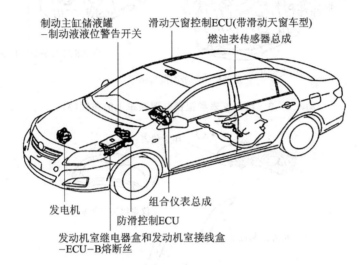

图 6.5-1 组合仪表和报警装置在车上布置(1)

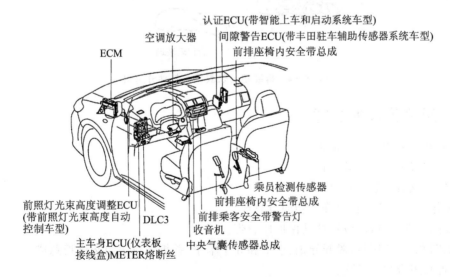

图 6.5-2 组合仪表和报警装置在车上布置(2)

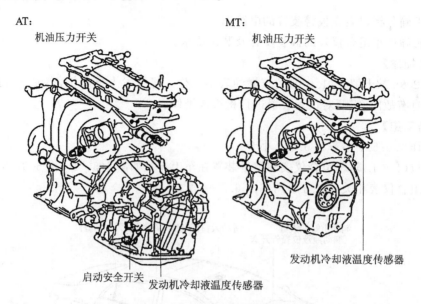

图 6.5-3 组合仪表和报警装置在车上的布置(3)

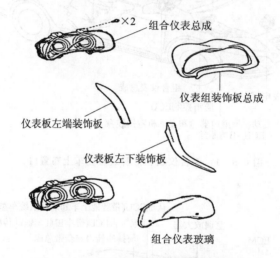

图 6.5-4 拆装组合仪表相关部件分解图

6.5.1 组合仪表的拆卸

(1) 拆卸仪表板左下装饰板。

(2) 拆卸仪表板左端装饰板。

(3) 拆卸仪表组装饰板总成：

① 操作倾斜度调节杆以降下转向盘总成。

② 在图 6.5-5 所示位置粘贴保护性胶带。

③ 如图 6.5-6 所示，脱开导销、卡爪和 3 个卡子，并拆下仪表组装饰板总成。

(4) 拆卸组合仪表总成：

① 如图 6.5-7 所示，拆下 2 个螺钉，脱开 2 个导销。注意：拆下组合仪表总成时，小心不要损坏导销。

② 如图 6.5-8 所示,拉出组合仪表总成,断开连接器,并拆下组合仪表总成。注意:拆下组合仪表总成时,不要损坏仪表板分总成或组合仪表总成。

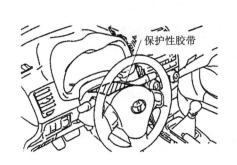

图 6.5-5 组合仪表的拆卸(1)

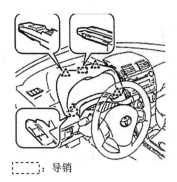

图 6.5-6 组合仪表的拆卸(2)

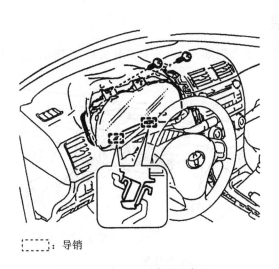

图 6.5-7 组合仪表的拆卸(3)

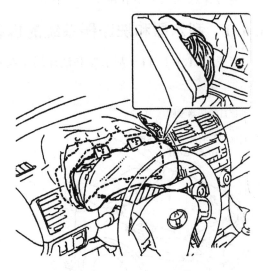

图 6.5-8 组合仪表的拆卸(4)

6.5.2 组合仪表的安装

(1) 安装组合仪表总成:

① 连接连接器,并暂时安装组合仪表总成(见图 6.5-8)。注意:安装组合仪表总成时,不要损坏上仪表板分总成或组合仪表总成。

② 接合 2 个导销(见图 6.5-7)。注意:安装组合仪表总成时,小心不要损坏导销。安装组合仪表总成时,将导销牢固地插入仪表板分总成的孔内。用 2 个螺钉安装组合仪表总成。

(2) 安装仪表装饰板总成(见图 6.5-6)。

接合导销、卡爪和 3 个卡子,并安装仪表组装饰板总成。清除转向柱罩上贴着的保护性胶带。

(3) 安装仪表板左端装饰板。

(4) 安装仪表板左下装饰板。

任务 6.6 辅助电器装置的装配与调试

【任务目标】

(1) 掌握刮水器与洗涤器系统主要部件的拆装步骤及装配要求。
(2) 正确描述电动座椅的构造和工作原理。
(3) 掌握电动座椅的拆装步骤及装配要求。
(4) 了解电动车窗、电动后视镜、电动天窗、中央控制门锁的构造特点。

【任务描述】

以卡罗拉(1.6 L)轿车为例,讲述汽车刮水器、电动座椅、电动车窗等辅助电器装置的装配与调试。

【任务实施】

内容详见 6.6.1 小节和 6.6.2 小节。

6.6.1 刮水器和洗涤器系统的拆装

卡罗拉(1.6 L)轿车刮水器和洗涤器系统在车上布置如图 6.6-1 和图 6.6-2 所示。

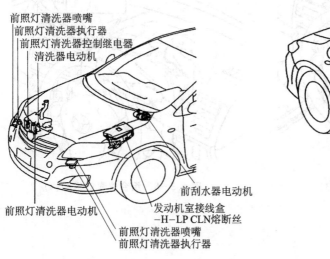
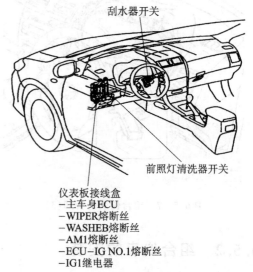

图 6.6-1 刮水器和洗涤器系统在车上布置(1)　图 6.6-2 刮水器和洗涤器系统在车上布置(2)

一、前刮水器电动机的拆装

拆装前刮水器电动机相关部件分解图如图 6.6-3 和图 6.6-4 所示。

1. 前刮水器电动机的拆卸

(1) 拆卸前刮水器臂端盖。如图 6.6-5 所示,拆下 2 个盖。
(2) 拆卸左前刮水器臂和刮水片总成。如图 6.6-6 所示,拆下螺母及左前刮水器臂和刮水片总成。
(3) 拆卸右前刮水器臂和刮水片总成。如图 6.6-7 所示,拆下螺母及右前刮水器臂和刮水片总成。

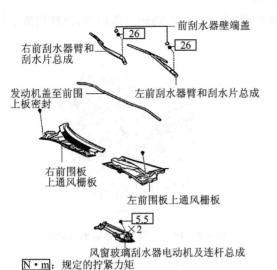
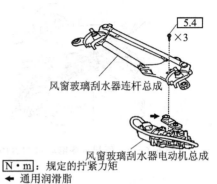

图 6.6-3 拆装前刮水器电动机相关部件分解图(1)

图 6.6-4 拆装前刮水器电动机相关部件分解图(2)

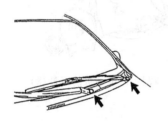
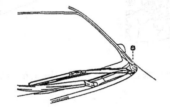
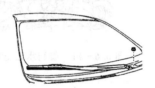

图 6.6-5 前刮水器电动机的拆卸(1)

图 6.6-6 前刮水器电动机的拆卸(2)

图 6.6-7 前刮水器电动机的拆卸(3)

(4) 拆卸发动机盖至前围上板密封。如图 6.6-8 所示,脱开 7 个卡子并拆下发动机盖至前围上板密封。

(5) 拆卸右前围板上通风栅板。如图 6.6-9 所示,脱开卡子和 14 个卡爪,并拆下右前维板上通风栅板。

(6) 拆卸左前围板上通风栅板。如图 6.6-10 所示,脱开卡子和 8 个卡爪,并拆下左前围板上通风栅板。

(7) 拆卸风窗玻璃刮水器电动机及连杆总成。如图 6.6-11 所示,断开连接器,拆下 2 个螺栓和风窗玻璃刮水器电动机和连杆总成。

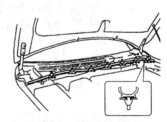

图 6.6-8 前刮水器电动机的拆卸(4)

(8) 拆卸风窗玻璃刮水器电动机总成:

① 如图 6.6-12 所示,用头部缠有胶带的螺丝刀从风窗玻璃刮水器电动机总成的曲柄枢轴上断开风窗玻璃刮水器连杆。

② 如图 6.6-13 所示,从线束上拆下绝缘胶布,以便断开连接器。

③ 断开连接器。

④ 如图 6.6-14 所示,拆下 3 个螺栓和风窗玻璃刮水器电动机总成。注意:如果不能从

风窗玻璃刮水器连杆总成上拆下风窗玻璃刮水器电动机总成,则转动曲柄臂,以便能拆下风窗玻璃刮水器电动机总成。

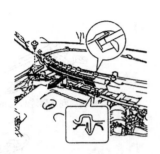

图 6.6-9　前刮水器电动机的拆卸(5)

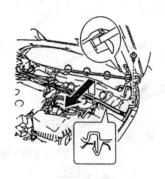

图 6.6-10　前刮水器电动机的拆卸(6)

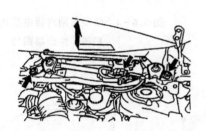

图 6.6-11　前刮水器电动机的拆卸(7)

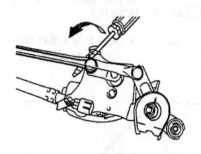

图 6.6-12　前刮水器电动机的拆卸(8)

图 6.6-13　前刮水器电动机的拆卸(9)

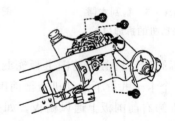

图 6.6-14　前刮水器电动机的拆卸(10)

2. 前刮水器电动机的安装

(1) 安装风窗玻璃刮水器电动机总成:

① 用 3 个螺栓安装风窗玻璃刮水器电动机总成,连接连接器(见图 6.6-14)。

② 用新的绝缘胶布包裹线束(见图 6.6-13)。注意:对于除去绝缘胶布的部件,使用新的绝缘胶布包裹,使线束紧固在板上。

③ 如图 6.6-15 所示,在风窗玻璃刮水器电动机总成的曲柄臂枢轴上涂抹通用润滑脂。

④ 如图 6.6-16 所示,将风窗玻璃刮水器连杆总成连接至风窗玻璃刮水器电动机总成的曲柄臂枢轴。

(2) 安装风窗玻璃刮水器电动机及连杆总成。如图 6.6-17 所示,使用 2 个螺栓安装风窗玻璃刮水器电动机和连杆总成,连接连接器。

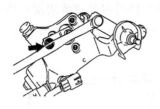
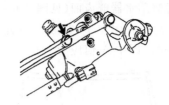

图 6.6-15　前刮水器电动机的安装(1)　　　图 6.6-16　前刮水器电动机的安装(2)

(3) 安装左前围板上通风栅板。如图 6.6-18 所示，接合卡子和 8 个卡爪，并安装左前围板上通风栅板。

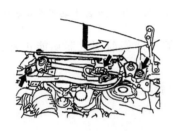
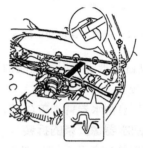

图 6.6-17　前刮水器电动机的安装(3)　　　图 6.6-18　前刮水器电动机的安装(4)

(4) 安装右前围板上通风栅板。如图 6.6-19 所示，接合卡子和 4 个卡爪，并安装右前围板上通风栅板。

(5) 安装发动机盖至前围上板密封(见图 6.6-8)。接合 7 个卡子并安装发动机盖至前围上板密封。

(6) 安装右前刮水器臂和刮水片总成：

① 操作刮水器并在自动停止位置停止风窗玻璃刮水器电动机运转。

② 清洁刮水器臂齿面。在重新安装时使用钢丝刷清洁刮水器枢轴齿面，如图 6.6-20 所示。

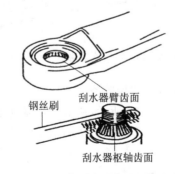

图 6.6-19　前刮水器电动机的安装(5)　　　图 6.6-20　前刮水器电动机的安装(6)

③ 用螺母在图 6.6-21 所示位置安装右前刮水器臂和刮水片总成。注意：用手握住臂铰链以紧固螺母。图中 A 值应为 17.5～32.5 mm。

(7) 安装左前刮水器臂和刮水片总成：

① 操作刮水器并在自动停止位置停止风窗玻璃刮水器电动机。

② 清洁刮水器臂齿面(见图 6.6-20)。在重新安装时,使用钢丝刷清洁刮水器枢轴齿面。
③ 用螺母在图 6.6-22 所示位置安装左前刮水器臂和刮水片总成。注意:用手握住铰链以紧固螺母。图中 A 值应为 7.5~32.5 mm。

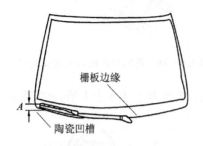
图 6.6-21 前刮水器电动机的安装(7)

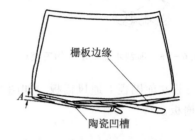
图 6.6-22 前刮水器电动机的安装(8)

④ 在风窗玻璃上喷射清洗液的同时,操作前刮水器。确保前刮水器功能正常,且刮水器不与车身接触。
(8) 安装前刮水器臂端盖(见图 6.6-5),安装 2 个盖。

二、前刮水器橡胶条的拆装

前刮水器橡胶条分解图如图 6.6-23 所示。

1. 前刮水器橡胶条的拆卸

(1) 拆卸前刮水器刮水片。脱开前刮水器刮水片的固定架。如图 6.6-24 所示,从前刮水器臂上拆下前刮水器刮水片。注意:拆下前刮水器刮水片后,不要弯曲前刮水器臂,因为刮水器臂的端部可能损坏风窗玻璃表面。

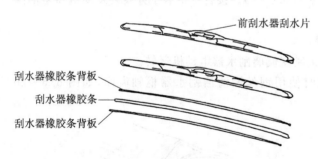
图 6.6-23 前刮水器橡胶条分解图

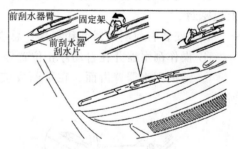
图 6.6-24 前刮水器橡胶条的拆卸(1)

(2) 拆卸刮水器橡胶条:
① 如图 6.6-25 所示,从前刮水器刮水片上拆下刮水器橡胶条和刮水器橡胶条背板。
② 如图 6.6-26 所示,从刮水器橡胶条上拆下 2 个刮水器橡胶条背板。

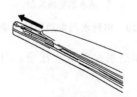
图 6.6-25 前刮水器橡胶条的拆卸(2)

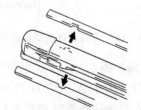
图 6.6-26 前刮水器橡胶条的拆卸(3)

2. 前刮水器橡胶条的安装

(1) 安装刮水器橡胶条：

① 如图 6.6-27 所示，将 2 个刮水器橡胶条背板安装至刮水器橡胶条。注意：将刮水器橡胶条的凸出部分与背板上的槽口对齐。将背板的曲线与玻璃的曲线对齐。

② 如图 6.6-28 所示，将刮水器橡胶条安装至前刮水器刮水片，使橡胶条的端部（弯曲端）朝向刮水器臂轴。注意：将刮水器橡胶条紧紧压入刮水片，使它们牢固啮合。

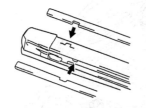 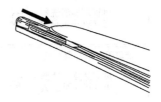

图 6.6-27 前刮水器橡胶条的安装(1)　　图 6.6-28 前刮水器橡胶条的安装(2)

(2) 安装前刮水器刮水片，如图 6.6-29 所示。卡紧前刮水器刮水片的固定架。

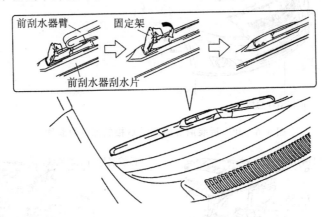

图 6.6-29 前刮水器橡胶条的安装(3)

三、清洗器电动机的拆装

拆装清洗器电动机相关部件分解图如图 6.6-30 所示。

1. 清洗器电动机的拆卸

(1) 拆卸散热器上空气导流板。
(2) 拆卸散热器格栅防护罩。
(3) 拆卸前保险杠总成。
(4) 排空清洗液。如图 6.6-31 所示，从风窗玻璃清洗器电动机和泵总成上断开清洗器软管，并排放清洗液。
(5) 拆卸风窗玻璃清洗器电动机和泵总成。如图 6.6-32 所示，断开连接器，拆下风窗玻璃清洗器电动机和泵总成。

2. 清洗器电动机的安装

(1) 如图 6.6-32 所示，安装风窗玻璃清洗器电动机和泵总成，连接连接器。
(2) 如图 6.6-33 所示，将清洗器软管连接至风窗玻璃清洗器电动机和泵总成，并将清洗液罐注满清洗液。

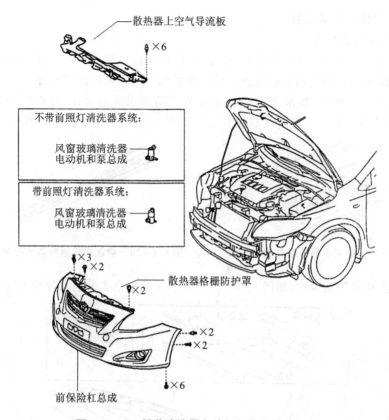

图 6.6-30 拆装清洗器电动机相关部件分解图

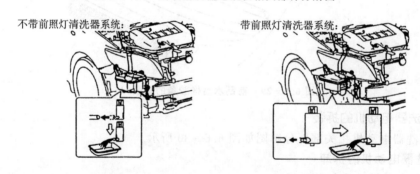

图 6.6-31 清洗器电动机的拆卸(1)

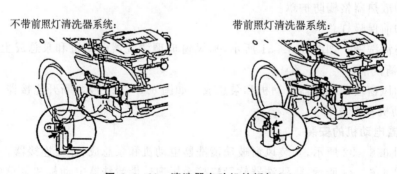

图 6.6-32 清洗器电动机的拆卸(2)

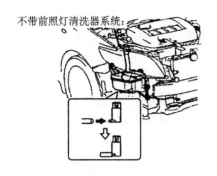 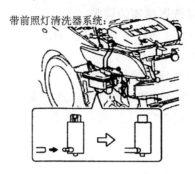

图 6.6-33 清洗器电动机的安装

(3) 安装前保险杠总成。
(4) 安装散热器格栅防护罩。
(5) 安装散热器上空气导流板。
(6) 雾灯对光的车辆准备工作。
(7) 雾灯对光准备工作。
(8) 雾灯对光检查。
(9) 雾灯对光调整。

四、清洗器喷嘴的拆装与检查

1. 车上检查

检查清洗器喷嘴分总成。发动机运转时,检查清洗液在风窗玻璃上的喷射位置。图 6.6-34 所示为清洗液在风窗玻璃上的正常喷射区域。如果检查结果不符合规定,则更换清洗器喷嘴。

图 6.6-34 清洗器喷嘴分总成的检查

2. 清洗器喷嘴的拆卸

(1) 如图 6.6-35 所示,用螺丝刀脱开 2 个卡爪并拆下清洗器喷嘴分总成。注意:不要损坏风窗玻璃。使用螺丝刀之前,请在螺丝刀头部缠上胶带。

(2) 如图 6.6-36 所示,从清洗器软管上断开清洗器喷嘴分总成。注意:清洗器喷嘴不能重复使用。

 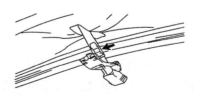

图 6.6-35 清洗器喷嘴的拆卸(1)　　图 6.6-36 清洗器喷嘴的拆卸(2)

3. 清洗器喷嘴的调整

调整清洗器喷嘴分总成。如图 6.6-37 所示,选择一个清洗器喷嘴分总成,以保证清洗液的喷射区域符合标准。

4. 清洗器喷嘴的安装

(1) 将新的清洗器喷嘴分总成连接至清洗器软管(见图 6.6-36)。

(2) 如图 6.6-38 所示,接合 2 个卡爪并连接清洗器喷嘴分总成。

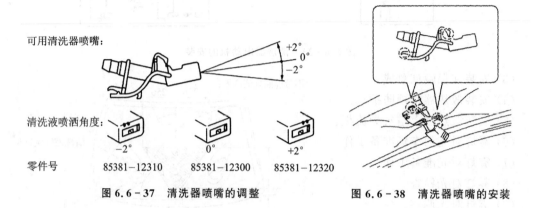

图 6.6-37 清洗器喷嘴的调整　　图 6.6-38 清洗器喷嘴的安装

6.6.2 电动座椅的拆装

卡罗拉(1.6 L)轿车前排座椅总成(电动座椅)在车上布置如图 6.6-39 和图 6.6-40 所示。拆装前排座椅总成(电动座椅)相关部件分解图如图 6.6-41～图 6.6-43 所示。

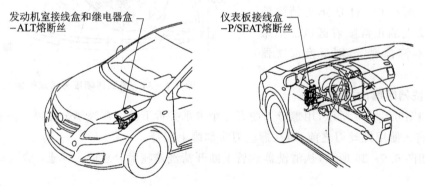

图 6.6-39 前排座椅总成(电动座椅)在车上的布置(1)

一、电动座椅的拆卸

(1) 拆卸前排座椅头枕总成。

(2) 拆卸座椅外滑轨盖:

① 操作电动座椅开关旋钮并将座椅移动到最前位置。

② 如图 6.6-44 所示,脱开 2 个卡爪并拆下座椅外滑轨盖。

(3) 拆卸座椅内滑轨盖。如图 6.6-45 所示,脱开卡爪,脱开导销并拆下座椅内滑轨盖。

(4) 拆卸前排座椅总成:

① 如图 6.6-46 所示,拆下座椅后侧的 2 个螺栓。

项目6 汽车电气系统的装配与调试

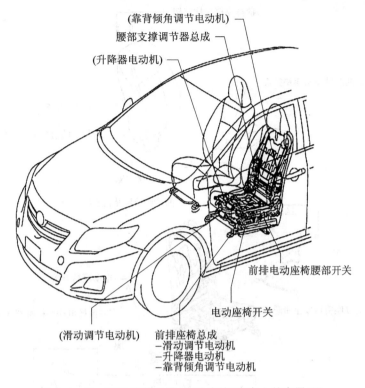

图 6.6-40 前排座椅总成(电动座椅)在车上的布置(2)

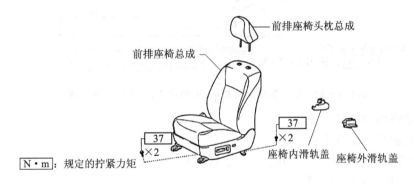

图 6.6-41 拆装前排座椅总成(电动座椅)相关部件分解图(1)

② 操作电动座椅开关旋钮并将座椅移动到最后位置。
③ 如图 6.6-47 所示,拆下座椅前侧的 2 个螺栓。
④ 操作电动座椅开关旋钮并将座椅移动到中间位置;同时,操作电动座椅开关旋钮并将座椅靠背移动到直立位置。
⑤ 将电缆从蓄电池负极(—)端子上断开。注意:断开电缆后等待 90 s,以防止气囊展开。
   注意:断开蓄电池电缆后重新连接时,某些系统需要初始化。
⑥ 断开座椅下面的连接器。
⑦ 拆下座椅。注意:不要损坏车身。

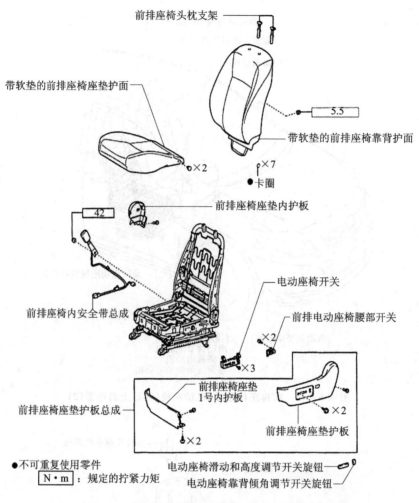

图 6.6-42　拆装前排座椅总成(电动座椅)相关部件分解图(2)

二、电动座椅的安装

(1) 安装前排座椅总成：

① 将前排座椅总成放入车厢内。注意：不要损坏车身。

② 连接座椅下面的连接器。

③ 将电缆连接到蓄电池负极(一)端子上。注意：断开蓄电池电缆后重新连接时，某些系统需要初始化。

④ 用 4 个螺栓临时安装前排座椅总成。

⑤ 操作电动座椅开关旋钮并将座椅移动到最后位置。

⑥ 按图 6.6-48 所示顺序紧固座椅前侧的 2 个螺栓，拧紧力矩为 37 N·m。

⑦ 操作电动座椅开关旋钮并将座椅移动到最前位置。

⑧ 按图 6.6-49 所示顺序紧固座椅后侧的 2 个螺栓，拧紧力矩为 37 N·m。

(2) 安装座椅内滑轨盖。接合导销，接合卡爪并安装座椅内滑轨盖(见图 6.6-45)。

(3) 安装座椅外滑轨盖。接合 2 个卡爪并安装座椅外滑轨盖(见图 6.6-44)。

(4) 安装前排座椅头枕总成。

项目 6　汽车电气系统的装配与调试

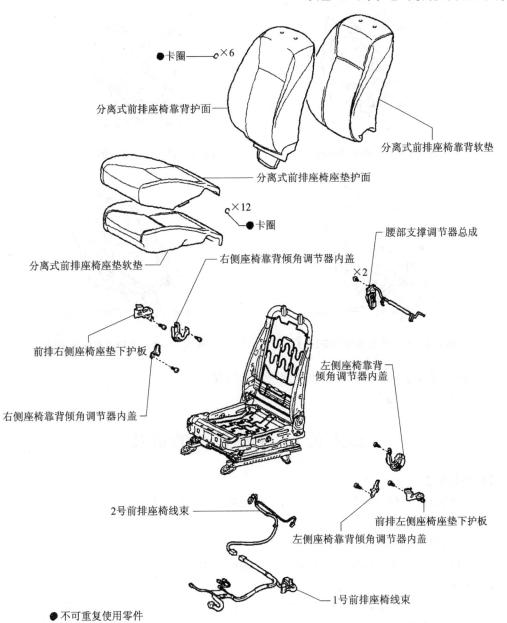

图 6.6-43　拆装前排座椅总成(电动座椅)相关部件分解图(3)

图 6.6-44　电动座椅的拆卸(1)

图 6.6-45　电动座椅的拆卸(2)

 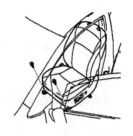

图 6.6-46　电动座椅的拆卸(3)　　　图 6.6-47　电动座椅的拆卸(4)

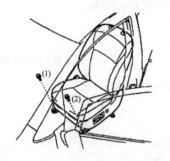 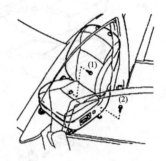

图 6.6-48　电动座椅的安装(1)　　　图 6.6-49　电动座椅的安装(2)

（5）检查前排座椅总成。检查电动座椅工作情况。

（6）检查 SRS 警告灯。

任务 6.7　空调系统的拆装

【任务目标】

（1）正确描述汽车空调系统的组成与工作原理、各部件的结构特点及作用；

（2）了解制冷剂的特点；

（3）正确加注空调系统制冷剂；

（4）明确空调系统主要部件的拆装步骤及装配要求。

【任务描述】

一辆 2005 款桑塔纳 2000GSi 型轿车，该车空调系统制冷不足。经过技术人员检查和分析，发动机技术状况良好，怀疑其空调系统存在故障，需要对空调系统进行检查或维修。

【任务实施】

内容详见 6.7.1 小节～6.7.3 小节。

桑塔纳 2000GSi 型轿车空调系统布置如图 6.7-1 所示。

6.7.1　充注制冷剂

在充注制冷剂之前必须清除制冷系统中的空气，即抽真空。若系统中有空气，会降低热交换率，致使空气中的水蒸气在膨胀过程中凝结，腐蚀制冷系统的金属部件。

1. 抽真空及充注制冷剂的工具

（1）真空泵。其容量必须超过 18 L/min(2.67 kPa)。

项目6 汽车电气系统的装配与调试

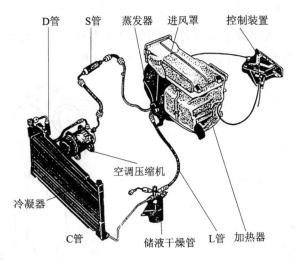

图 6.7-1 空调系统布置

(2) 歧管压力计。它是汽车空调检修操作中的主要工具。在抽真空、加注制冷剂和检查制冷循环压力情况时都要使用到。歧管压力计结构如图 6.7-2 所示,主要由高压表(计)、低压表(计)、阀体、止回阀(史特拉阀)、高低压侧手动阀和连接软管等组成。

(3) 检漏仪。检漏仪是用以检查空调制冷系统有无泄漏部位的主要工具,它是一种丙烷气燃烧喷灯,利用制冷剂气体进入安装在喷灯的枪测管(吸入管)内,会使喷灯的火焰按漏气的多少相应地改变颜色这一特性来判断制冷剂的泄漏部位及泄漏程度,其结构如图 6.7-3 所示。

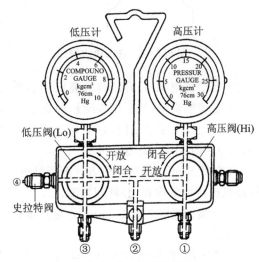

图 6.7-2 歧管压力计

(4) 制冷剂注入阀和计量工具。若充注的制冷剂为小罐,则还需备有制冷剂注入阀,如图 6.7-4 所示;若为大瓶制冷剂,则必须备有制冷剂计量工具。

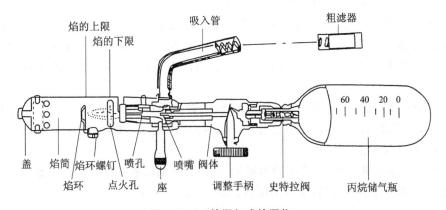

图 6.7-3 检漏灯式检漏仪

·199·

2. 抽真空

(1) 分别将高压表接入储液干燥器的维修阀,低压表接入自蒸发器至压缩机低压管路上的维修阀,中间注入软管安装于真空泵接口,如图 6.7-5 所示。

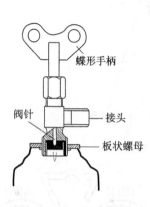

图 6.7-4 注入阀结构

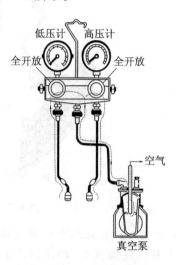

图 6.7-5 抽真空连接

(2) 启动真空泵,打开歧管表高低压手动阀。

(3) 系统抽真空,使低压表所示的真空度达 0.1 MPa,抽真空时间为 5～10 min。

(4) 关闭真空泵手动阀,真空泵继续运转,打开制冷剂罐,让少量 R134a 制冷剂进入系统(压力为 0～49 kPa),关闭罐阀。

(5) 放置 5 min,观察压力表。若指针继续上升,则说明真空下降。系统有泄漏之处,应使用检漏仪进行泄漏检查,并修理堵漏。

(6) 继续抽真空 20～25 min,并重复步骤(5)。如压力指针保持不动,说明无泄漏,可进行下一步工作。

(7) 关闭高、低压压力表的手动阀,停止抽真空,从真空泵的接口拆下中间注入软管,准备注入制冷剂。

3. 加注制冷剂

(1) 抽完真空后,将注入阀连接在制冷剂罐上。

(2) 将高、低压压力表的中间注入软管安装在注入阀接口上,顺时针拧紧注入阀手柄,使阀上的顶针将制冷罐顶开一个小孔。逆时针旋松注入阀手柄,退出顶针,使制冷剂进入中间注入软管。如一罐用完,再用第 2、3 罐时,仍应先关闭压力表的手动阀,重新顶开罐孔,在表头处拧松中间注入软管,以排出管内空气。

(3) 拧松连接高、低压压力表中心接头的注入软管螺母,如看到白色制冷剂气体外溢,或听到嘶嘶声,说明注入软管小的空气已排出,可以拧紧该螺母。桑塔纳 2000GSi 型轿车制冷剂充注量为(1 150±50)g。

(4) 旋开高压表侧手动阀,将制冷剂罐倒立,使制冷剂以液态注入制冷系统。在充注时不得启动发动机和打开空调,以防制冷剂倒灌,如图 6.7-6 所示。

(5) 旋开低压表侧手动阀,以气态形式通过低压侧注入制冷剂。此时要防止液态注入,以免造成液击现象而损坏压缩机。

(6) 如制冷剂不足,则可按图 6.7-7 所示关闭高压侧手动阀,开启低压侧手动阀,将制冷剂罐直立。启动发动机接合压缩机快速运转,让气态制冷剂从低压侧吸入压缩机。

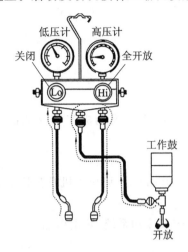

图 6.7-6　液态制冷剂的加注

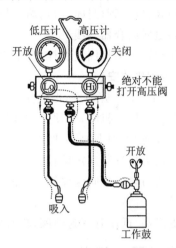

图 6.7-7　气态制冷剂的加注

(7) 向系统充注规定质量的制冷剂后,停止发动机运转,关闭高、低压力表的两个手动阀和制冷剂罐上的注入阀,拆除低压侧维修阀软管,待高压侧压力下降后,方可从高压侧维修阀拆下高压表软管。

6.7.2　空调压缩机的拆装

空调压缩机和离合器的主要部件分解图如图 6.7-8 和图 6.7-9 所示。

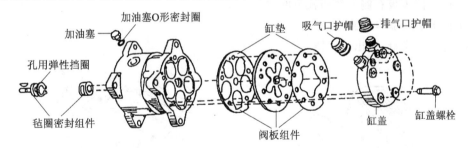

图 6.7-8　空调压缩机部件分解图

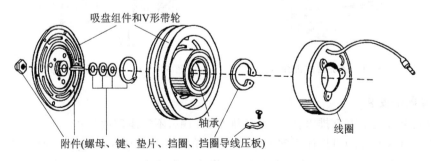

图 6.7-9　离合器部件分解图

1. 空调压缩机的拆卸

(1) 拔下蓄电池导线。

(2) 排放制冷剂。

(3) 拆卸高、低压管,封闭管口,防止异物侵入。

(4) 拆卸电磁离合器导线。

(5) 拆卸空调压缩机固定螺栓,取下空调压缩机。

2. 空调压缩机的安装

安装步骤与拆卸步骤相反,但应注意以下几点:

(1) 安装空调压缩机时,必须使空调压缩机离合器 V 形带轮、发动机 V 形带轮的带槽对称面处在同一平面内,并保持 V 形带适当的张紧度。

(2) 以规定力矩拧紧固定螺栓。

(3) 冷凝器与风扇之间应保持一定间隙,一般不少于 20 mm,空调压缩机及其托架和软管之间的间隙为 15 mm。

(4) 应更换高、低压管密封垫圈,检查发动机供油系统及冷却系统,防止渗漏。

6.7.3 蒸发器的拆装

1. 蒸发器的拆卸

(1) 排放制冷系统的制冷剂。

(2) 拆下新鲜空气风箱盖。

(3) 拆下蒸发器外壳。

(4) 如图 6.7-10 所示,拆下低压管固定件及压缩机管路,并封住管子端部。

(5) 如图 6.7-11 所示,拆下高压管固定件及储液干燥器,并封住管子端部。

(6) 拆下仪表板右侧下部挡板及网罩。

(7) 拆下蒸发器口的感应管。

(8) 拆下蒸发盘,取出蒸发器。

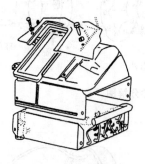

图 6.7-10 蒸发器的拆卸(1)

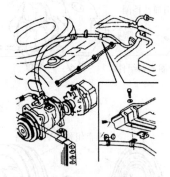

图 6.7-11 蒸发器的拆卸(2)

2. 蒸发器的安装

(1) 蒸发器外壳下方有排水孔,应保证排水孔通畅,不能阻塞或遮挡。

(2) 连接电线与发动机机体之间的距离至少为 50 mm,和燃油管的间隙最小为 100 mm。

(3) 如图 6.7-12 所示,安装蒸发盘时,应将边缘安置在横向盘网的凸缘上。

（4）如图 6.7-13 所示，将感应管插入蒸发器。注意：切勿将感应管扭曲或折叠。

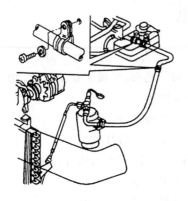

图 6.7-12　蒸发器的安装(1)

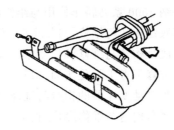

图 6.7-13　蒸发器的安装(2)

（5）蒸发器上插有感温开关的毛细管，安装时切勿将感温管扭曲。为防止将其拔出，应将其夹紧。

【项目评定】

为了解学生此项目的掌握情况，可通过表 6-1，对学生的理论知识和实际动手能力进行定量的评估。

表 6-1　项目评定表

序　号	考核内容	规定分	评分标准
1	正确使用工具、仪器	10 分	工具使用不当扣 10 分
2	正确的拆装顺序	40 分	拆装顺序错误酌情扣分
	零件摆放整齐		摆放不整齐扣 5 分
	能够清楚各个零件的工作原理		叙述不出零件的工作原理扣 5 分
3	正确组装	30 分	组装顺序错误酌情扣分
4	组装后能正常工作	10 分	不能工作扣 10 分
			能部分工作扣 5 分
5	整理工具，清理现场	10 分	每项扣 2 分，扣完为止
	安全用电、防火，无人身、设备事故		如不按规定执行，本项目按 0 分计
6	分数合计	100 分	

习　题

（1）查阅卡罗拉(1.6 L)轿车维修手册，比较卡罗拉(1.6 L)轿车空调系统的结构与桑塔纳 2000GSi 型轿车空调系统的结构有什么区别？

（2）空调制冷系统工作压力的检测步骤有哪些？

（3）放空空调内制冷剂的操作步骤有哪些？

（4）空调系统检漏方法有哪些？

（5）发电机的拆解是按照什么操作步骤进行的？

（6）启动机拆解和清洗的注意事项有哪些？

参考文献

[1] 姚明傲.汽车装配与调试技术[M].北京:北京航空航天大学出版社,2013.
[2] 李宪民.桑塔纳2000系列轿车使用与维修问答[M].北京:机械工业出版社,2003.
[3] 平云光.汽车底盘构造与维修[M].北京:人民交通出版社,2005.
[4] 崔振民.汽车底盘构造与维修[M].北京:人民交通出版社,2004.
[5] 任成尧.汽车维修工考工强化实训[M].北京:人民交通出版社,2002.
[6] 聂海.新型轿车自动变速器的构造与维修[M].北京:人民邮电出版社,2004.
[7] 金加龙.汽车底盘构造与维修[M].北京:电子工业出版社,2005.
[8] 王秀贞.汽车故障诊断与检测技术[M].北京:人民邮电出版社,2003.
[9] 于万海.汽车电气设备原理与检修[M].北京:电子工业出版社,2005.
[10] 苗泽青,刘振楼.汽车维修行业技术工人岗位培训教材[M].北京:人民交通出版社,2001.
[11] 张铁柱,霍炜.汽车原理教程[M].北京:国防工业出版社,2003.
[12] 赵学敏.汽车电气系统构造与维修[M].北京:国防工业出版社,2003.
[13] 黄晓敏,徐昭.汽车电气设备维修实训[M].北京:人民交通出版社,2003.
[14] 方贵银,李辉,张亚秋.汽车空调技术[M].北京:机械工业出版社,2002.
[15] 郑国莱.汽车电气设备与维修[M].上海:上海科学技术出版社,2002.
[16] 林晨.桑塔纳2000轿车维修手册[M].北京:机械工业出版社,2003.